U0318720

地震救援装备实用手册

（第二版）

中国地震应急搜救中心　编著

应　急　管　理　出　版　社

·北　　京·

图书在版编目（CIP）数据

地震救援装备实用手册 / 中国地震应急搜救中心编著 .--2 版 .-- 北京：应急管理出版社，2024

ISBN 978-7-5237-0561-2

Ⅰ.①地… Ⅱ.①中… Ⅲ.①地震灾害—防护设备—手册 Ⅳ.①P315.9-62

中国国家版本馆 CIP 数据核字（2024）第 103986 号

地震救援装备实用手册（第二版）

编　　著　中国地震应急搜救中心
责任编辑　唐小磊　史欣平
责任校对　张艳蕾
封面设计　罗针盘

出版发行　应急管理出版社（北京市朝阳区芍药居 35 号　100029）
电　　话　010-84657898（总编室）　010-84657880（读者服务部）
网　　址　www. cciph. com. cn
印　　刷　北京盛通印刷股份有限公司
经　　销　全国新华书店

开　　本　880mm × 1230mm $^{1}/_{64}$　**印张**　5 $^{1}/_{4}$　**字数**　190 千字
版　　次　2024 年 5 月第 2 版　2024 年 5 月第 1 次印刷
社内编号　20231084　　**定价**　50.00 元

编　委　会

序

地震救援就是争分夺秒开展人员的搜救，其核心是在保护自身安全的前提下以最快的速度挽救更多人的生命，这就需要在救援行动中应用到更多先进装备以达到生命救援的目标。专业的地震救援装备如能正确合理使用，就会提高救援效率，保障救援人员安全，提高救援质量，降低后期救援难度。随着社会的不断发展，地震救援装备的种类和性能也在不断改进和完善，因此，救援人员期望能够拥有一本最新的，具备扎实的理论基础，又简单明了、便于携带、易学易懂的实用化地震救援装备手册。

中国地震应急搜救中心作为国家地震灾害紧急救援队组建单位之一，承担装备建设、支撑和保障工作，开展了大量的基础工作和市场调研，完成了多次国内外应急救援任务的装备保障工作，积累了丰富的管理经验，形成了高效规范的工作程序。在总结多次救援任务装备的使用情况、分析国内外救援装备发展最新进展基础上，按照“十四五”发展规划里提到的应急救援装备现代化建设要求，组织中国地震应急搜救中心具有丰富应急救援现场和装备管理经验的专业技术人员，收集、整理相关资料，编写了本书。本书主要包括侦检、搜索、营救、通信和后勤等5类地震救援装备的基本功能、技术参数、操作步骤和注意事项等内容，立足于装备使用的实用性和可操作性，具备一定的理论基础和基本常识，是一本专业性较强的装备实用手册。

希望本书能够对专业地震救援队伍提供关键性帮助，加强救援装备的支撑保障，规范救援装备的操作使用，从而提高地震救援工作效率，推动救援事业发展。

中国地震应急搜救中心
党委书记、主任　　侯建盛

目　次

侦检装备

1 侦 检 装 备

1.1 复合气体检测仪（GasAlertQuattro 型）

◎ 外观：如图 1-1 所示。

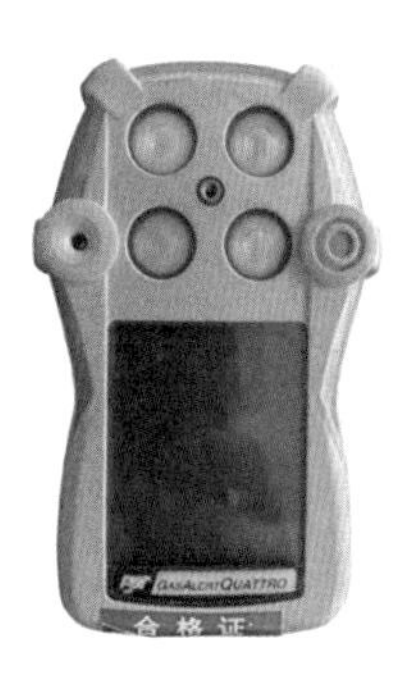

图 1-1 GasAlertQuattro 复合气体检测仪

◎ 基本功能：检测作业环境中 H_2S、CO、O_2 和可燃气体四种气体的浓度。

◎ 主要技术参数：见表 1-1。

表1-1　主要技术参数

型号	GasAlertQuattro
测量范围（H_2S）	0~0.02%
测量范围（CO）	0~0.1%
测量范围（O_2）	0~30%
测量范围（LEL）	0~100%
测量范围（*V/V*）	0~5%
解析度（H_2S）	0.0001%
解析度（CO）	0.0001%
解析度（O_2）	0.1%
解析度（LEL）	1%
解析度（*V/V*）	0.1%
温度	-20~50 ℃
湿度	10%~100%相对湿度（非冷凝）
警报	视觉、振动、声音
电池寿命	碱性电池 14 h
质量	0.338 kg
尺寸（长度×宽度×高度）	130 mm×81 mm×47 mm

» 操作步骤：

（1）按住“○”键开机，气体检测仪进行自检。

（2）自检结束后开始检测环境中的气体。

（3）检测仪发出报警后按“○”键关闭声音报警。

（4）按住“○”键，当屏幕显示“OFF”时，松开“○”键关机。

◎ 注意事项：

（1）只能在空气中氧气含量为20.9%且不含有害气体的安全区域中校准。

（2）如果某个传感器无法归零，则无法对其校准。

（3）传感器必须定期校准，并且至少每隔180天（6个月）进行一次校准。

（4）在不含有害气体的安全区域以及氧气含量为20.9%的空气中开机。

1.2 漏电检测仪（HB-TAC型）

◎ 外观：如图1-2所示。

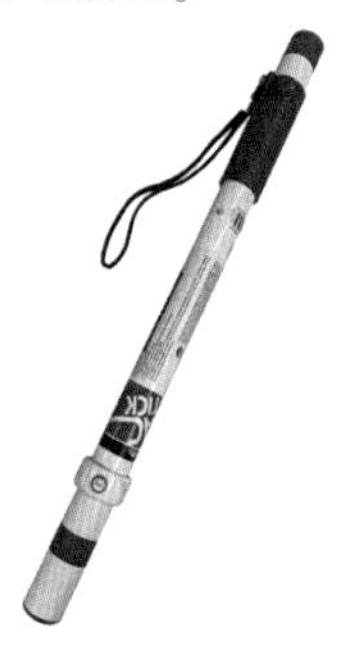

图1-2 HB-TAC手杖式漏电检测仪

◎ 基本功能：通过高敏感度交流放大器接受大面积的交流振幅信号，用于探测漏电或静电并对高压交流漏电区域的安全距离提前发出可听可见的警示信号。

◎ 主要技术参数：见表 1-2。探测性能指标：见表 1-3。

表 1-2　主要技术参数

型号	HB-TAC
测试模式	高敏度、低敏度、前端聚焦
频率范围	20~100 Hz
工作温度	-30~50 ℃
工作时间	持续使用约 300 h，间歇使用不超过 1 年
电源	4 节 5 号碱性电池
外壳材料	绝缘 PVC，可防水溅
尺寸（长度×直径）	520 mm×45 mm
质量	0.57 kg

表 1-3　探测性能指标

交流电压/kV	频率/Hz	环境	3 种测试模式及目标电源可确定范围/m		
			HIGH	LOW	FRONT
0.120 0.220	60 50	带电单一导体（在地面上）	7.5	1.50	0.180

表1-3（续）

交流电压/kV	频率/Hz	环境	3种测试模式及目标电源可确定范围/m		
			HIGH	LOW	FRONT
0.120 0.220	60 50	带电导体在湿泥中	0.9	0.15	0.025
7.2 7.2	60 50	架空高压电缆（单一导体）	65 50	21 15	6 4
7.2 7.2	60 50	架空高压电缆（多个导体）	150 120	60 50	20 15

◎ 操作步骤：

（1）将开关旋转指向“高敏感度（HIGH SENSITIVITY）”进行自检，仪器发出“哔哔”声和闪灯则状态正常，自检结束。

（2）工作时，须先将开关旋转至“高敏感度（HIGH SENSITIVITY）”挡，确定漏电电源的大体位置；当交流电被清晰地检测出并且“哔哔”声和灯光闪烁明显加快后，旋转至“低敏感度（LOW SENSITIVITY）”或“前端聚焦（FRONT FOCUSED）”，确定漏电电源的准确位置。

（3）旋转至“OFF”键关机。

◎ 注意事项：

（1）开始探测时必须先使用“高敏感度（HIGH

SENSITIVITY）”挡，严禁先使用“前端聚焦（FRONT FOCUSED）”挡。

（2）严禁检测仪直接与带电体接触，对 380 V 及以上潜在带电体保持安全距离。

（3）使用时，应尽量提升检测仪与地面的高度，以扩大可探测范围。

（4）检测仪不会对直流电报警，须注意直流电源可能导致的危险。

（5）检测仪注意防水。

搜索装备

2 搜索装备

2.1 音频生命探测仪（LD3 型）

◎ 外观：如图 2-1 所示。

图 2-1　LD3 音频生命探测仪

◎ 基本功能：通过探测在倒塌建筑物结构或空气介质中传播的振动或声波信号，搜索定位埋压于倒塌建筑物内的幸存者。

◎ 主要技术参数：LD3 系统组成见表 2-1，控制显示器（主机）界面如图 2-2 所示，控制显示器（主机）面板功能见表 2-2。

表 2-1 LD3 系统组成

部件	数量
控制显示器（主机）	1 台
震动传感器	6 个
震动传感器的固定磁吸盘	2 个
震动传感器的探针	6 个
声音传感器	1 个
传感器连接线缆（10 m）	6 条
传感器连接线缆（3 m）	1 条
头戴式耳机/麦克风	2 副
锂电池	2 个
锂电池充电器	1 个
充电器交流转接器和电源线	1 套
一次性电池适配器	1 个
一次性电池	3 个
主机背包和背带	1 套

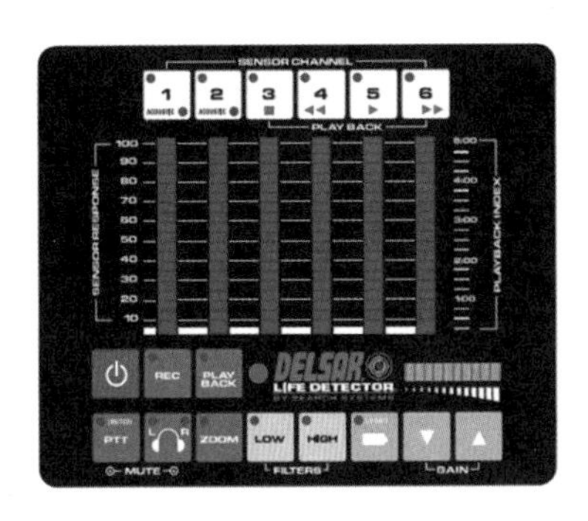

图 2-2 控制显示器（主机）

表 2-2 控制显示器（主机）面板功能

名称	图示	作用说明
电源键		控制显示器的电源开关键
录音键	REC	启动内录音功能，记录传到耳机中的声音
播放键	PLAY BACK	在耳机中回放录音
增量水平		显示增量水平； 显示电池测量时的电量水平； 显示放大水平

表 2-2（续）

名称	图示	作用说明
对讲机键	[MUTED] PTT	开启声音传感器内的对讲机功能； 其左上角的 LED 灯点亮时，表明吊杆麦克风被静音
立体声键	L R	开启立体声功能，以便同时收听到两个传感器传送的声音； 当与 PTT 按键配合使用时，关闭对讲机功能； 当强烈的噪声进入吊杆麦克风，不容易听到传感器传来的声音时，该键可发挥作用
放大键	ZOOM	在收听到的信号较高的情况下，改变柱形图的分辨率； 使传感器信号大小对比显示更容易观察
信号过滤器键	LOW HIGH	可以减少某种类型的噪声，使得耳机监听不受干扰； 低频信号过滤器（LOW）：可减少低于 200 Hz 的信号； 高频信号过滤器（HIGH）：可减少高于 1000 Hz 的信号； 降低背景噪声

表 2-2（续）

名称	图示	作用说明
电池测试键	LO BATT	电池测试：按下该键，在处显示电量水平； 低电量状态下，在设备自动关机前约 10 min，左上角灯闪
调节键	▼ ▲	在放大（ZOOM）模式下，该上、下键控制放大的水平； 上键为放大，下键为缩小

» 操作步骤：

（1）锂电池装入主机电池仓，根据工作需要连接相应数量的传感器和耳机。

（2）按压主机上的电源开关键并保持，当听到设备“哔”的一声响且 LED 灯亮起时，松开电源开关键，主机自动识别已连接的传感器，连接上的传感器底部 LED 灯亮起，并在相应的柱形图上有信号反应。

（3）按压相应通道的数字键，可在耳机中收听相应传感器接收到的信号，使用声音传感器时，选择“1”号或“2”号通道键可听到由传感器传送到耳机中的声音信号。

（4）麦克风默认是打开的，同时按下“PTT”键及

“L-R”键，可关闭麦克风。

（5）按下并松开“L-R”键，按下一个传感器相应数字通道键，即为左侧耳机收听到的信号。按下另一个传感器相应数字通道键，即为右侧耳机收听到的信号，此时便进入立体声模式，再次按下“L-R”键即可取消立体声模式。

（6）使用声音传感器时，按下“PTT”键可开启双向通信，按下“PTT”键并保持，即可向受害人讲话，松开该键时可听到受害人的讲话声音。

（7）按下“LOW”键可过滤掉低频声音，按下“HIGH”键可过滤掉高频声音，再次按下该键停止过滤功能。

（8）按下“ZOOM”键使用放大模式，再次按下该键重新回到普通模式。

（9）使用完毕关机时，按压主机上的电源开关键并保持，直到听到一声响且所有的 LED 灯全都亮起后，松开电源开关键。

» 注意事项：

（1）震动传感器与声音传感器不能混合使用，即只有震动传感器单独与主机连接，或只有声音传感器单独与主机连接。

（2）两个数字完全一样的震动传感器不能同时与一台主机连接工作。

（3）如果使用两个声音传感器，其标号必须分别为“1”和“2”。

（4）将耳麦放在头部上方，注意使麦克风位于头部右侧，以便于立体声收听。

（5）过滤器不能区分哪些是有用的信息，因此操作者只有在确认过滤掉的频率中没有受害者的反应时，才可以使用该过滤器。

（6）当搜索受害者时，应当在普通模式下操作设备，一旦检测到有受害者的信号，就可以开启放大模式进行定位操作。

2.2 光学生命探测仪

2.2.1 光学生命探测仪（WA-PSW14-P 型）

◎ 外观：如图 2-3 所示。

图 2-3 WA-PSW14-P 光学生命探测仪

◎ 基本功能：采用低照度彩色摄像头、双模式热成像摄像头和双向对讲音频模块，通过鹅颈伸缩杆进入废墟狭窄空间内部，搜索和定位埋压于倒塌建筑物内的幸存者。

◎ 主要技术参数：见表 2-3。

表 2-3 主要技术参数

型号		WA-PSW14-P
控制屏（主机）	显示器尺寸	5 in
	分辨率/像素	960×234
	工作温度	-20～70 ℃
	工作时间	2 h（每块电池）
低照度彩色摄像头	传感器类型	彩色索尼 HAD CCD
	摄像头尺寸	长度 71 mm×直径 41 mm
	照度	0. 03 lx
	分辨率/像素	270 K（NTSC 制式）
	夜视光源	9 颗白光灯
	工作温度	-10～50 ℃
	防护等级	IP68
	运行时间	1 h 55 min（有光照时） 2 h 15 min（无光照时）
	可视距离	0. 5～23 m（有光照时） 0. 5～15 m（无光照时）
	镜头参数	6 mm；47°视野

表 2-3（续）

双模式热成像摄像头	传感器类型	非制冷型微测辐射热仪（热成像） 索尼 EXVIEW CCD（黑白）
	摄像头尺寸	长度 166 mm×直径 49 mm
	照度	0.005 lx（黑白）
	分辨率/像素	160×120（热成像） 380 K（NTSC 制式）(黑白)
	热灵敏度	<50 mK
	光谱响应	7~14 mm 宽带滤波器
	夜视光源	10 个红外灯（黑白）
	LED 波长	940 nm
	工作温度	-10~45 ℃
	防护等级	IP66
	运行时间	1 h 20 min（有光照时） 2 h 5 min（无光照时）
	可视距离	0.5~100 m 热成像（有光照时） 0.2~12 m 黑白（有光照时） 0.5~100 m 热成像（无光照时） 0.2~6 m 黑白（无光照时）
	镜头参数	透镜：5.8 mm；57°视野（热成像） 透镜：4.3 mm；56°视野（黑白）

表 2-3（续）

双向对讲音频模块	防护等级	IP64
	音频模块尺寸	长度 89 mm×直径 44 mm
	通话范围	30 m
鹅颈伸缩杆	拉伸后长度	4.24 m
	收缩后长度	1.22 m
	质量	2.4 kg
电池	电池类型	7.2 V/2.7 A·h 镍氢蓄电池
	工作时间	2 h

◎ 操作步骤：

（1）电池装入主机电池仓。

（2）将摄像头、音频模块与鹅颈伸缩杆按顺序连接。

（3）鹅颈伸缩杆和耳机、主机连接。

（4）按下主机上的“POWER”按钮开机，转动“CAM LED”按钮，以便调整摄像头到合适的亮度。

（5）调节主机控制屏上的“控制开关”和“图像质量”旋钮。

（6）将鹅颈伸缩杆拉伸开，伸入废墟内部进行搜索。

◎ 注意事项：

（1）将摄像头、音频模块与鹅颈伸缩杆按顺序连接时，不要转动摄像头和音频模块本身，只需拧紧旋转螺母即可。

（2）当调整主机控制屏时，以控制屏上的图示来指示调整的范围和设定。如果不再进行控制调整，弹出显示的刻度将在大约 5 s 后自动消失。

（3）当进入到清晰度和调光调整模式时，它们的默认值都是其最小值。清晰度和调光控制在保存之前都需要设置为期望值。

2.2.2 光学生命探测仪（FM7 Pro 型）

◎ 外观：如图 2-4 所示。

图 2-4 FM7 Pro 光学生命探测仪

◎ 基本功能：采用旋转球形摄像头和微型摄像头，通过电缆进入废墟狭窄空间内部，搜索和定位埋压于倒塌建筑物内的幸存者。

◎ 主要技术参数：见表 2-4。

表 2-4　主要技术参数

型号	FM7 Pro	
手持控制机（主机）	显示器尺寸	7 in 液晶彩色
	电源类型	12 V/2.2 A·h 铅酸电池
	电压检测	LCD 显示
	工作时间/min	165
	充电时间/h	1.5
	尺寸（长度×宽度×高度）/(mm×mm×mm)	260×150×40
	质量/kg	1.5
旋转球形摄像头	模块化单元	CCD
	焦距/mm	3.6
	尺寸（长度×直径）/(mm×mm)	134×49
	光源	15 个 LED
	质量/kg	0.28
	工作电压/V	10.5~12.5
	照度/lx	0.8
	竖直旋转/(°)	0~90
	水平旋转	无限制

表2-4（续）

微型摄像头	模块化单元	CCD
	焦距/mm	2.5
	尺寸（长度×直径）/（mm×mm）	126×29
	光源	12个SMD
	质量/kg	0.129
	工作电压/V	10.5～12.5
	照度/lx	0.3
线盘	质量/kg	1.7
	线盘直径/mm	320
	GFK杆直径/mm	5
	工作温度/℃	0～50
	综合信号线/mm^2	4×0.3

操作步骤：

（1）通过电缆和线盘将摄像头与主机进行连接，用螺纹螺帽拧紧插头。

（2）按“开/关”按钮开机，摄像头的灯光会自动开启。

（3）将摄像头深入到废墟内部，通过操作方向控制棒来调整摄像头方向进行搜索，通过摄像头旋转的角度和线盘伸出的长度对幸存者进行定位。

（4）通过操作主机控制面板按键进行录像和拍照。

◎ 注意事项：

（1）摄像头和电缆插头不防水。

（2）系统的连接和断开必须在主机关机状态下进行。

（3）连接摄像头和主机时确保插头的导槽与插座匹配。

（4）不要用手抓住或旋转球形摄像头。

2.2.3 光学生命探测仪（FL360型）

◎ 外观：如图2-5所示。

图2-5 FL360光学生命探测仪

◎ 基本功能：采用两个超宽广角镜，形成360°全视角，通过伸缩探杆伸入建（构）筑物倒塌废墟狭小空间进行生命搜索和定位，配备集成蓝牙通信功能的视频探头，内置麦克风和扬声器，救援者与受困者可以双向通话。

主要技术参数：见表 2-5。

表 2-5　主要技术参数

型号	FL360
摄像头尺寸（长度×直径）/(in×in)	10×1.97
防护等级	IP68
物距/cm	1
视野	360°有效覆盖
镜头	f/2.0
视频分辨率/像素	1920×960
电池	6800 mA·h 锂离子电池
工作温度/℃	-10~60
无线连接	Wi-Fi 801.11n 2.4 GHz
有线连接/m	3
控制机（主机）屏幕尺寸/in	10.1
防护等级	IP68
分辨率/像素	1920×1200
主机尺寸（长度×宽度×高度）/(mm×mm×mm)	170.2×242.9×10.2
主机电池容量/(mA·h)	7600

2.3 电磁波生命探测仪（LifeLocator Ⅲ+型）

◎ 外观：如图 2-6 所示。

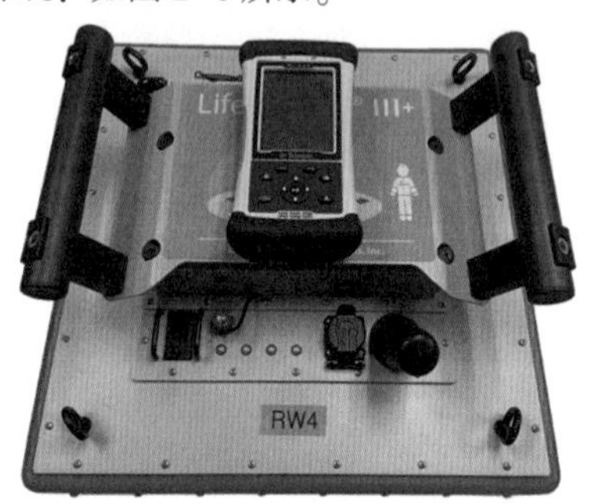

图 2-6 LifeLocator Ⅲ+电磁波生命探测仪

◎ 基本功能：通过电磁波主机发射低频雷达波穿透倒塌的建（构）筑物废墟，探测到呼吸引起微弱的胸部起伏，雷达波返回主机，通过 PDA 掌上电脑 LL3+软件来搜索幸存者并判断相对距离。

◎ 主要技术参数：见表 2-6。

表 2-6 主要技术参数

型号	LifeLocator Ⅲ+
探测距离	静止目标：10 m 内 移动目标：12 m 内

表2-6（续）

穿透能力	3~5层20 cm厚的钢筋混凝土板，废墟>10 m
探测体积/m^3	1047
探测角度/(°)	120
工作频率/MHz	270
无线传输距离/m	15~30
防护等级	IP65
主机工作时间/h	6
电池类型	10.8 V，8800 mA·h锂电池
主机尺寸（长度×宽度×高度）/（mm×mm×mm）	450×450×230
主机质量/kg	11
PDA工作时间/h	12

操作步骤：

（1）将电池插入主机背部的电池槽，盖上盖板，确保PDA充满电。

（2）将主机电源开关打开，按住PDA上的电源按钮，主机上的蓝色电源指示灯亮，约15 s后红色通信指示灯会闪动。

（3）确保 PDA 的 Wi-Fi 连接上 LFGSSIAH，确保 Bluetooth 状态关闭。

（4）先点击 PDA 屏幕左上角的“Start”按钮，然后点击“LL3+”。观察屏幕底部的滚动条，如果颜色由红变绿说明 PDA 准备与主机通信。

（5）如果 PDA 连接显示的编号与主机编号一致，点击运行，会听见“滴”的一声，同时主机指示灯绿灯开启，说明通信已经建立，进入 LL3+搜索界面。

（6）操作结束后，按 PDA 的“OK”按钮回到前一屏，从主菜单退回到桌面，按住 PDA 的电源按钮 5 s，选择“Shutdown”关掉 PDA，关闭主机电源开关。

» 注意事项：

（1）任何在 15 m 搜索范围内的运动都可能促使设备报警，操作者必须保证在 3 min 的搜索过程中，在距离搜索中心半径 15 m 范围内没有任何其他运动。

（2）对讲机和手机产生的 270 MHz 波段的电磁干扰，仍然可能影响使用效果。

（3）确认 PDA 上的序列号与雷达主机上的序列号一致。

（4）如果在 PDA 屏幕的底部出现了两个电池电量的指示就说明 PDA 和主机已经成功地通信。

（5）红圈（呼吸）和黑方框（动作）随着探测可信度的增加而变大，同时屏幕上显示探测到的移动信号的大约深度。如果出现小的黑色三角形，说明检测到的移动信号低于一般报警值，也可能说明是周围环境的噪声。

（6）不能在运行 LL3+时关 PDA，只能退出到桌面才可以关掉 PDA。

（7）如果出现天线超时，退出搜救程序，关掉主机电源再打开，重新启动搜救软件。

（8）主机电池充电时间不要超过 4 h。

2.4 音频/视频二合一生命探测仪（Hasty 型）

◎ 外观：如图 2-7 所示。

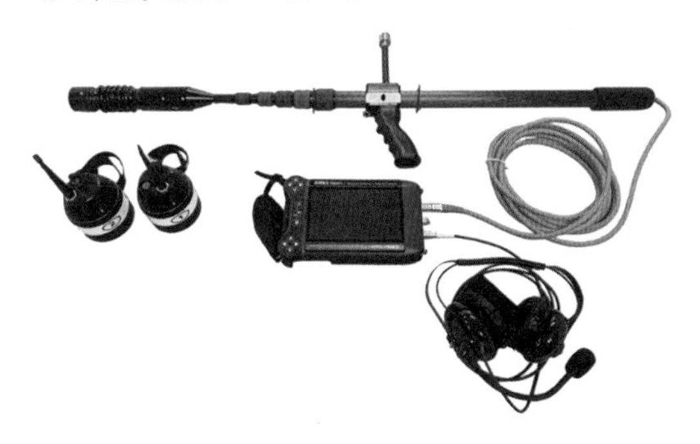

图 2-7 Hasty 音频/视频二合一生命探测仪

◎ 基本功能：将震动信号侦听、视频搜索及语音通信等功能集成在一台生命探测仪上，可对被困人员进行精确定位以及通话。

◎ 主要技术参数：见表2-7。

表2-7 主要技术参数

型号	Hasty	
控制器	质量/kg	1.5
	尺寸（长度×宽度×高度)/(mm×mm×mm)	244×155×49
	显示器尺寸/in	7
	分辨率/像素	800×480
	工作时间/h	2.5
	工作温度/℃	-10~60
	防护等级	IP68
防水摄像头	视野范围/(°)	260
	旋转角度	左右旋转各85°
	摄像头直径/mm	47
	水下搜索深度/m	2
碳纤维伸缩杆	伸缩长度/m	1.1~2.4
	直径/mm	47
震动传感器	搜索距离/m	>30
	无线连接距离/m	100
	工作时间/h	8

◎ 操作步骤：

（1）按开/关键开机。

（2）当视频探杆连接时，系统会转到视频搜寻模式，同时相关菜单也会显示在屏幕上，通过菜单键选择各种搜索功能。

（3）通过使用左/右键来实现摄像头的左右旋转，使用上/下键来调节摄像头的灯光亮度。

（4）按住“一键通”键，救援人员与被困人员进行双向通话。

（5）当连接了一个或多个震动传感器时，系统会转到震动传感器侦听模式，柱形图上会列出每个连上的传感器和侦听到的最大值。

（6）通过使用上/下键来增加或减少所有传感器的音量，使用左/右键来选择听或不听某个传感器。

（7）按下“一键通”键，进入单声道模式，通过使用左/右键来选择使用左耳或右耳耳机侦听传感器。

（8）选择屏幕上的“高频滤波器”和“低频滤波器”图标，使用上/下键来增加或减少选定的滤波器设定值。如果要消除噪声，增加“低频滤波器”设定值，直到耳机中的噪声消失。如果仍然能听到噪声，把“低频滤波器”设定值重置为0，使用“高频滤波器”重复操作。

◎ 注意事项：

（1）一直按住左或右键可以使摄像头连续旋转，按住上或下键可以连续提高或降低灯光亮度。

（2）默认设置中优先听取被困人员的话语，在按下“一键通”键时，救援人员可以讲话，但此时他们听不到被困人员的声音。

（3）视频探杆与控制器连接断开后，设备将由视频模式切换到侦听模式，屏幕自动显示侦听模式，此时传感器必须是开启状态并同控制盒连接。同样，如果将视频探杆同控制器重新连接，屏幕自动显示视频模式。

2.5 红外热像仪（IT-1200 型）

◎ 外观：如图 2-8 所示。

图 2-8　IT-1200 红外热像仪

◎ 基本功能：用于在黑暗和恶劣环境下探测倒塌建（构）筑物浅层被困人员，具备4G无线传输功能。

◎ 主要技术参数：见表2-8。

表2-8 主要技术参数

型号	IT-1200
测温范围/℃	-40~1200
显示屏尺寸/in	3.5
屏幕分辨率/像素	800×480
红外探测器分辨率/像素	384×288
采样帧速率/(帧·s^{-1})	60
可见光分辨率/像素	200万
成像模式	8种
防护等级	IP67
质量（含电池）/kg	1
尺寸（长度×宽度×高度）/(mm×mm×mm)	260×120×120

◎ 操作步骤：

（1）按下电源键打开热像仪。

（2）将热像仪对准目标对象。

（3）按模式按钮，选择适当的热像仪成像模式。

（4）按下拍照/录像键保存图像。

营救装备

3 营救装备

3.1 液压破拆装备：液压扩张器

3.1.1 液压扩张器（SP 5260/SP 5240型）

◎ 外观及结构：如图3-1至图3-3所示。

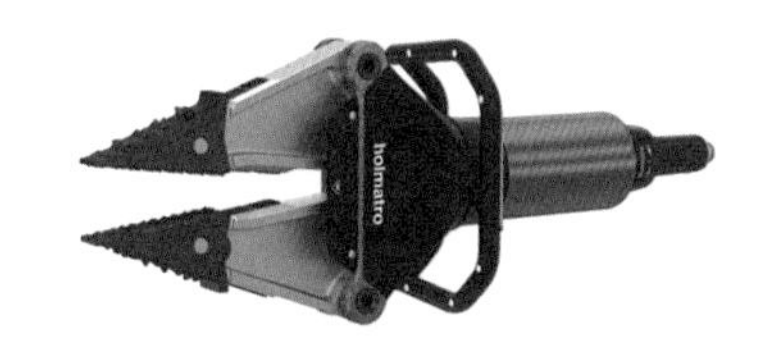

图3-1 SP 5260液压扩张器

图3-2 SP 5240液压扩张器

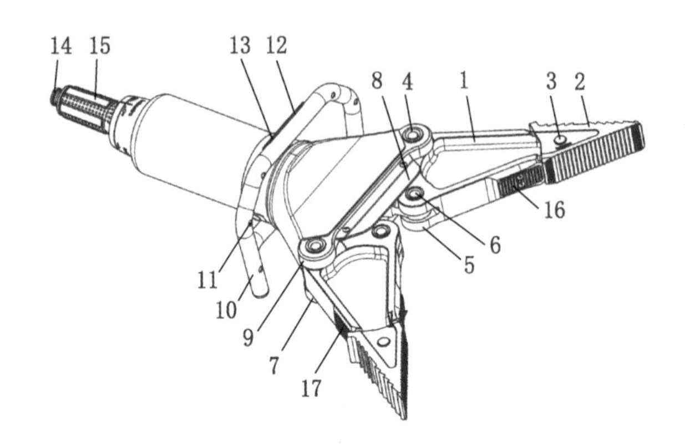

1—扩张臂；2—扩张尖端；3—锁紧销；4—锁链销；
5—卡环；6—铰链销；7—卡环；8—保护盖；
9—轭；10—便携把手；11—LED 灯；12—照明灯开关；
13—LED 灯电池；14—CORE 快速接头（凸形）；
15—紧急制动把手；16—挤压板（仅适用于 SP 5260）；
17—扩展板（仅适用于 SP 5260）

图 3-3　SP 5260/SP 5240 液压扩张器结构图

◎ 基本功能：由液压泵提供动力，对物体进行扩张、挤压和牵引。

◎ 主要技术参数：见表 3-1。

表 3-1 主要技术参数

型号	SP 5260	SP 5240
接头类型	CORE	CORE
最大工作压力/bar	720	720
最大扩张力/kN	522	280
扩张距离/mm	822	725
最大收紧力/kN	127	59
最大牵引力/kN	82	47
牵引距离/mm	701	610
所需含油量/mL	384	226.4
质量/kg	19.6	14.5
尺寸（长度×宽度×高度）/（mm×mm×mm）	900×322×223	815×286×217

操作步骤：

（1）连接液压泵、液压胶管、扩张器。

（2）启动液压泵。

（3）操作控制把手“← →”（打开）或“→ ←”（收回）进行作业。

（4）牵引时，将钳头完全张开，更换专用钳头，连接牵引链，固定被牵引物体，闭合扩张器，进行牵引。

（5）使用完毕后，闭合扩张器，关闭液压泵，断开液压胶管与扩张器和液压泵的连接。

◎ 注意事项：

（1）如果扩张器正在使用中或液压系统正处于压力状态下，禁止断开扩张器的连接。

（2）扩张时，要使两个钳头始终保持垂直，选择的扩张点受力要均衡。

（3）当扩张到最大行程时，不得对扩张器实施压力传输。

（4）不得扩张或牵引超出额定范围的物体。

（5）最大扩张力作用点位于扩张臂根部。

（6）如果刀片位置不正或脱离，请立即停止操作。

（7）闭合扩张器，使扩张尖端略微张开，使扩张器存放时不存在压力。

3.1.2 电动液压扩张器（PSP40 型）

◎ 外观及结构：如图 3-4、图 3-5 所示。

图 3-4 PSP40 电动液压扩张器

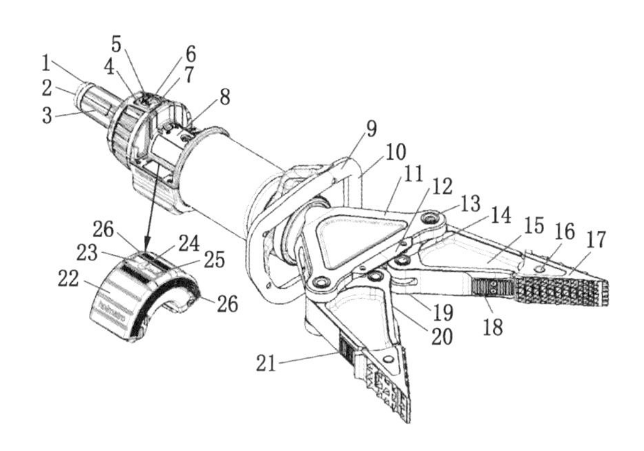

1—防尘盖；2—内置充电连接器；3—紧急制动把手；4—工具温度指示灯；5—维修指示灯；6—LED 开关和工具模式；7—工具模式指示灯；8—电池组装置/适配器装置；9—便携把手；10—LED；11—轭；12—保护罩；13—铰链销；14—铰链销；15—扩张臂；16—锁紧销；17—扩张尖端；18—挤压板（仅适用于 PSP 50、PSP 60）；19—卡环；20—卡环；21—扩张板（仅适用于 PSP 60）；22—电池组；23—电池温度指示灯；24—开关；25—充电状态指示灯；26—电池组锁

图 3-5 PSP40 电动液压扩张器结构图

◎ 基本功能：由电池驱动的液压系统提供动力，对物体进行扩张、挤压和牵引。

◎ 主要技术参数：见表 3-2。

表 3-2 主要技术参数

型号	PSP40
最大工作压力/bar	720
最大扩张力/kN	280
扩张距离/mm	725
最大收紧力/kN	59
最大牵引力/kN	51.7
牵引距离/mm	613
保护等级	IP57
质量/kg	19.4
不含电池质量/kg	17.9
尺寸（长度×宽度×高度）/（mm×mm×mm）	956×270×276

◎ 操作步骤：

（1）装配电池。

（2）按下电池上开机键开机。

（3）操作控制把手“← →”（打开）或“→ ←”（收回）进行作业。

（4）牵引时，将钳头完全张开，更换专用钳头，连接牵引链，固定被牵引物体，闭合扩张器，进行牵引。

（5）使用完毕后，闭合扩张器，按下电池上开机键，进行关机。

» 注意事项：

（1）扩张器 10 min 不使用时，电池组将停用，按下开机键再次启用。

（2）泵将在最大压力下停止工作以节省电源。

（3）扩张时，要使两个钳头始终保持垂直，选择的扩张点受力要均衡。

（4）当扩张到最大行程时，不得对扩张器实施压力传输。

（5）不得扩张或牵引超出额定范围的物体。

（6）最大扩张力作用点位于扩张臂根部。

（7）如果刀片位置不正或脱离，请立即停止操作。

（8）闭合扩张器，使扩张尖端略微张开，使扩张器存放时不存在压力。

（9）电池电量用完后，及时用专用充电器对电池进行充电。

（10）由于电池具备过度充电保护功能，因此可长时间与充电器保持连接。

（11）除使用电池以外，也可通过专用电源连接器连接到电源。

3.2 液压破拆装备：液压剪切钳

3.2.1 液压剪切钳（CU 5040 i/SMC 5006 C/CU 4007 C/HMC 8 U 型）

◎ 外观及结构：如图 3-6 至图 3-10 所示。

图 3-6　CU 5040 i 液压剪切钳

图 3-7　SMC 5006 C 特种材料剪切钳

图 3-8 CU 4007 C 小型液压剪切钳

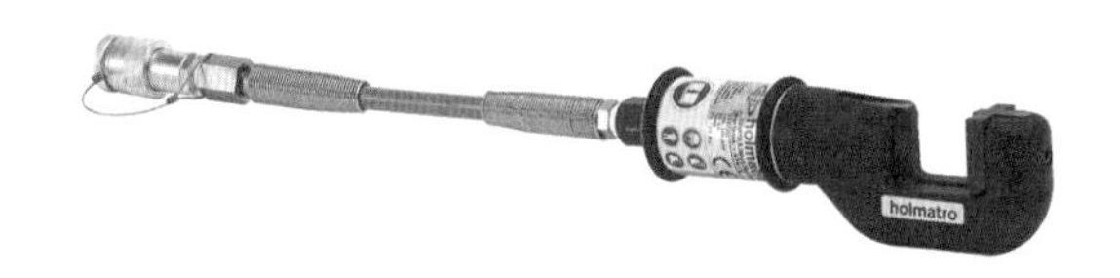

图 3-9 HMC 8 U 小型液压剪切钳

◎ 基本功能：由液压泵提供动力，可对钢筋、钢板等金属物进行剪切。

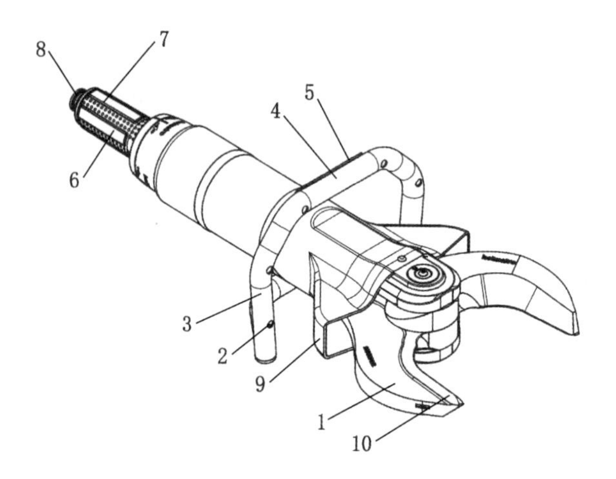

1—刀片；2—照明灯；3—便携把手；4—电池；
5—照明灯开关；6—紧急制动把手；7—过压释放阀；
8—CORE 快速接头（凸形）；9—保护套；10—刀刃

图 3-10　CU 5040 i 液压剪切钳结构图

◎ 主要技术参数：见表 3-3。

表3-3 主要技术参数

型号	CU 5040 i	SMC 5006 C	CU 4007 C	HMC 8 U
接头类型	CORE	CORE	CORE	双管
最大工作压力/bar	720	720	720	720
最大剪切开口/mm	170	25	59	40
理论切割力/kN	764	193	220	79
剪切性能(圆钢)/mm	36	20	20	—
所需含油量/mL	189	10	24	43
质量/kg	13.2	6.5	3.8	3.6
尺寸(长度×宽度×高度)/(mm×mm×mm)	706×300×262	366×123×235	377×131×72	400×300×133

◈ 操作步骤：

(1) 连接液压泵、液压胶管、剪切钳。

(2) 启动液压泵。

(3) 操作控制把手“← →”(打开) 或“→ ←”(收回) 进行作业。

(4) 使用完毕后，闭合剪切钳，关闭液压泵，断开液压胶管与剪切钳、液压泵的连接。

◈ 注意事项：

（1）如果剪切钳正在使用中或液压系统正处于压力状态下，禁止断开剪切钳连接。

（2）剪切时，要使剪切钳与要剪切的物体垂直。

（3）将要剪切的物体放置在剪切开口尽可能深的位置。

（4）如果刀片位置不正或脱离，请立即停止操作。

（5）请勿完全闭合剪切钳，使工具存放时不存在压力。

3.2.2 电动液压剪切钳（PCU50型）

◎ 外观及结构：如图3-11、图3-12所示。

图3-11 PCU50电动液压剪切钳

◎ 基本功能：由电池驱动的液压系统提供动力，可对钢筋、钢板等金属物进行剪切。

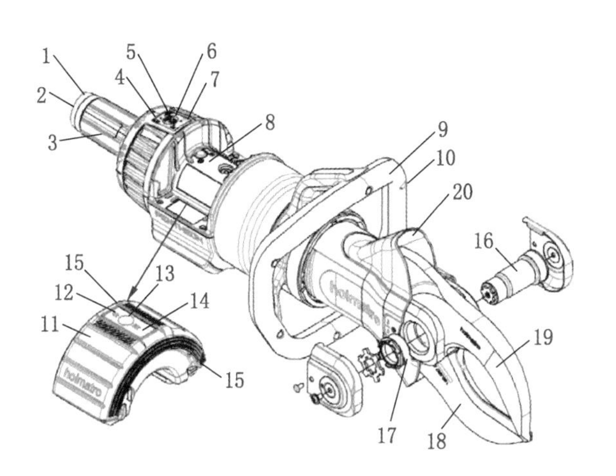

1—防尘盖；2—内置充电连接器；3—紧急制动把手；4—工具温度指示灯；5—维修指示灯；6—LED 开关和工具模式；7—工具模式指示灯；8—电池组装置/适配器装置；9—便携把手；10—LED；11—电池组；12—电池温度指示灯；13—开关；14—充电状态指示灯；15—电池组锁；16—中心螺栓；17—中心螺栓和锁定环；18—刀刃；19—刀片；20—保护套

图 3-12 PCU50 电动液压剪切钳结构图

◎ 主要技术参数：见表 3-4。

表 3-4　主要技术参数

型号	PCU50
最大工作压力/bar	720
最大剪切开口/mm	182
理论切割力/kN	1389
剪切性能（圆钢)/mm	41
保护等级	IP57
质量/kg	21.5
不含电池质量/kg	20
尺寸（长度×宽度×高度)/(mm×mm×mm)	892×270×274

◎ 操作步骤：

(1) 装配电池。

(2) 按下电池上开机键开机。

(3) 操作控制把手"← →"(打开）或"→ ←"(收回）进行作业。

(4) 使用完毕后，闭合剪切钳，按下电池上开机键，进行关机。

◎ 注意事项：

(1) 剪切钳 10 min 不使用时，电池组将停用，按下开机键再次启用。

（2）泵将在最大压力下停止工作以节省电源。

（3）剪切时，要使剪切钳与要剪切的物体垂直。

（4）将要剪切的物体放置在剪切开口尽可能深的位置。

（5）如果刀片位置不正或脱离，请立即停止操作。

（6）请勿完全闭合剪切钳，使工具存放时不存在压力。

（7）电池电量用完后，及时用专用充电器对电池进行充电。

（8）由于电池具备过度充电保护功能，因此可长时间与充电器保持连接。

（9）除使用电池以外，也可通过专用电源连接器连接到电源。

3.3 液压破拆装备：液压剪扩双用钳

3.3.1 液压剪扩双用钳（CT 5160/CT 5111 型）

◎ 外观及结构：如图 3-13、图 3-14 所示。

图 3-13 CT 5160 液压剪扩双用钳

图 3-14　CT 5111 液压剪扩双用钳

◎ 基本功能：由液压泵提供动力，可对物体进行扩张、剪切、挤压和牵引。

◎ 主要技术参数：见表 3-5。

表 3-5　主要技术参数

型号	CT 5160	CT 5111
接头类型	CORE	CORE
最大工作压力/bar	720	720
最大扩张力/kN	1860	1350
扩张距离/mm	468	281
最大剪切开口/mm	394	196
最大收紧力/kN	87.9	44
最大牵引力/kN	105	—
牵引距离/mm	342	—

表 3-5（续）

理论切割力/kN	929	268
剪切性能（圆钢）/mm	40	24
所需含油量/mL	186	55
质量/kg	17.6	8
尺寸（长度×宽度×高度）/（mm×mm×mm）	885×279×201	545×275×192

◎ 操作步骤：

（1）连接液压泵、液压胶管、剪扩双用钳。

（2）启动液压泵。

（3）操作控制把手“← →”（打开）或“→ ←”（收回）进行作业。

（4）牵引时，将钳头完全张开，更换专用钳头，连接牵引链，固定被牵引物体，闭合剪扩双用钳，进行牵引。

（5）使用完毕后，闭合剪扩双用钳，关闭液压泵，断开液压胶管与剪扩双用钳和液压泵的连接。

◎ 注意事项：

（1）如果剪扩双用钳正在使用中或液压系统正处于压力状态下，禁止断开剪扩双用钳连接。

（2）扩张时，要使两个钳头始终保持垂直，选择的扩张点受力要均衡。

（3）当扩张到最大行程时，不得对剪扩双用钳实施压力传输。

（4）不得扩张或牵引超出额定范围的物体。

（5）最大扩张力作用点位于扩张臂根部。

（6）剪切时，要使剪扩双用钳与要剪切的物体垂直。

（7）将要剪切的物体放置在剪切开口尽可能深的位置。

（8）如果刀片位置不正或脱离，请立即停止操作。

（9）闭合剪扩双用钳，使扩张尖端略微张开，使剪扩双用钳存放时不存在压力。

3.3.2 手动液压剪扩双用钳（HCT 5117 RH 型）

◎ 外观及结构：如图 3-15、图 3-16 所示。

图 3-15　HCT 5117 RH 手动液压剪扩双用钳

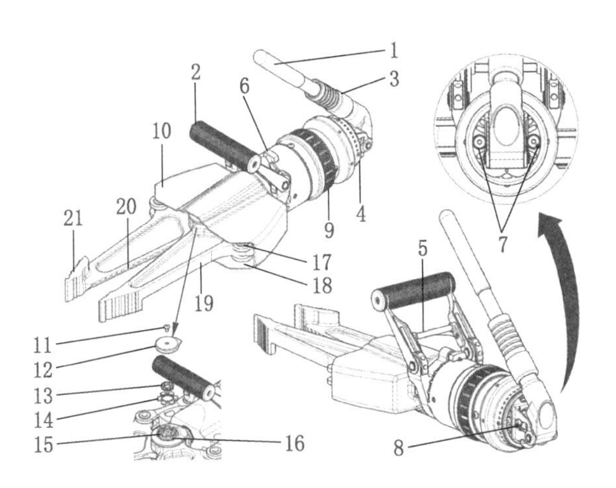

1—泵把手；2—便携把手；3—泵把手锁环；4—泵抽油杆夹持器；5— 手提把手锁紧杆；6—手提把手锁紧旋钮；7—加注口盖；8—泵把手调节旋钮；9—控制环；10—保护罩；11—帽螺丝；12—保护盖；13—内部锁环；14—外部锁环；15—中心螺母；16—中心螺栓；17—铰链销；18—卡环；19—刀片；20—刀刃；21—扩张尖端

图 3-16 HCT 5117 RH 手动液压剪扩双用钳结构图

◎ 基本功能：由手动液压系统提供动力，可对物体进行扩张、剪切、挤压和牵引。

◎ 主要技术参数：见表3-6。

表3-6 主要技术参数

型号	HCT 5117 RH
最大工作压力/bar	720
最大扩张力/kN	54
扩张距离/mm	431
最大剪切开口/mm	352
最大收紧力/kN	27
最大牵引力/kN	30
牵引距离/mm	426
理论切割力/kN	263
剪切性能（圆钢）/mm	24
质量/kg	9.4
尺寸（长度×宽度×高度）/(mm×mm×mm)	628×220×145

◎ 操作步骤：

（1）上下移动泵把手，启动剪扩双用钳。

（2）顺时针转动控制环“← →”（打开）或逆时针转动控制环“→ ←”（收回）进行作业。

(3) 牵引时，将钳头完全张开，更换专用钳头，连接牵引链，固定被牵引物体，闭合剪扩双用钳，进行牵引。

(4) 使用完毕后，闭合剪扩双用钳，将控制环置于中间位置，将泵把手锁环滑向泵把手并将泵把手倾向刀具方向。

◎ 注意事项：

(1) 扩张时，要使两个钳头始终保持垂直，选择的扩张点受力要均衡。

(2) 当扩张到最大行程时，不得对剪扩双用钳实施压力传输。

(3) 不得扩张或牵引超出额定范围的物体。

(4) 最大扩张力作用点位于扩张臂根部。

(5) 剪切时，要使剪扩双用钳与要剪切的物体垂直。

(6) 将要剪切的物体放置在剪切开口尽可能深的位置。

(7) 如果刀片位置不正或脱离，请立即停止操作。

(8) 闭合剪扩双用钳，使扩张尖端略微张开，使剪扩双用钳存放时不存在压力。

3.3.3 电动液压剪扩双用钳（PCT50 型）

◎ 外观及结构：如图 3-17、图 3-18 所示。

◎ 基本功能：由电池驱动的液压系统提供动力，可对物体进行扩张、剪切、挤压和牵引。

◎ 主要技术参数：见表 3-7。

图 3-17 PCT50 电动液压剪扩双用钳

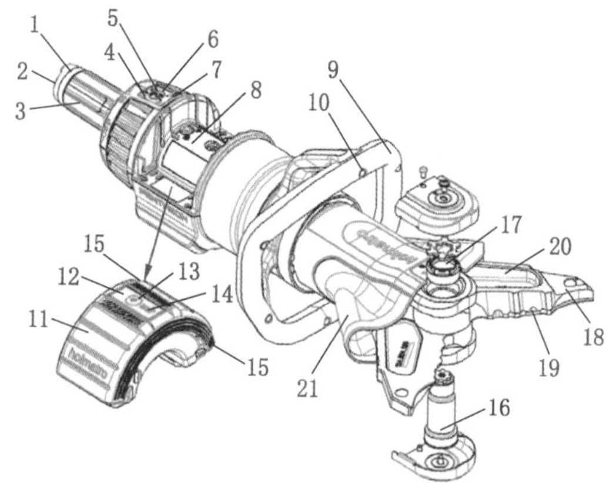

1—防尘盖；2—内置充电连接器；3—紧急制动把手；
4—工具温度指示灯；5—维修指示灯；6—LED 开关和工具模式；
7—工具模式指示灯；8—电池组装置/适配器装置；
9—便携把手；10—LED；11—电池组；12—电池温度指示灯；
13—开关；14—充电状态指示灯；15—电池组锁；16—中心螺栓；
17—中心螺母；18—刀尖；19—刀刃；20—刀片；21—保护套

图 3-18 PCT50 电动液压剪扩双用钳结构图

表 3-7 主要技术参数

型号	PCT50
最大工作压力/bar	720
最大扩张力/kN	1860
扩张距离/mm	380
最大剪切开口/mm	320
最大收紧力/kN	87
最大牵引力/kN	104
牵引距离/mm	254
理论切割力/kN	670
剪切性能（圆钢)/mm	36
保护等级	IP57
质量/kg	20. 3
不含电池质量/kg	18. 8
尺寸（长度×宽度×高度)/(mm×mm×mm)	898×268×273

操作步骤：

(1) 装配电池。

(2) 按下电池上开机键开机。

(3) 操作控制把手“← →”(打开）或“→ ←”(收

回）进行作业。

（4）牵引时，将钳头完全张开，更换专用钳头，连接牵引链，固定被牵引物体，闭合剪扩双用钳，进行牵引。

（5）使用完毕后，闭合剪扩双用钳，按下电池上开机键，进行关机。

注意事项：

（1）剪扩双用钳 10 min 不使用时，电池组将停用，按下开机键再次启用。

（2）泵将在最大压力下停止工作以节省电源。

（3）扩张时，要使两个钳头始终保持垂直，选择的扩张点受力要均衡。

（4）当扩张到最大行程时，不得对剪扩双用钳实施压力传输。

（5）不得扩张或牵引超出额定范围的物体。

（6）最大扩张力作用点位于扩张臂根部。

（7）剪切时，要使剪扩双用钳与要剪切的物体垂直。

（8）将要剪切的物体放置在剪切开口尽可能深的位置。

（9）如果刀片位置不正或脱离，请立即停止操作。

（10）闭合剪扩双用钳，使扩张尖端略微张开，使剪扩双用钳存放时不存在压力。

（11）电池电量用完后，及时用专用充电器对电池进行充电。

（12）由于电池具备过度充电保护功能，因此可长时间与充电器保持连接。

（13）除使用电池以外，也可通过专用电源连接器连接到电源。

3.4 液压破拆装备：液压混凝土破碎器（CC 23 型）

◎ 外观及结构：如图 3-19、图 3-20 所示。

图 3-19 CC 23 液压混凝土破碎器

◎ 基本功能：由液压泵提供动力，用于快速分离大而厚的坍塌建筑物水泥块。

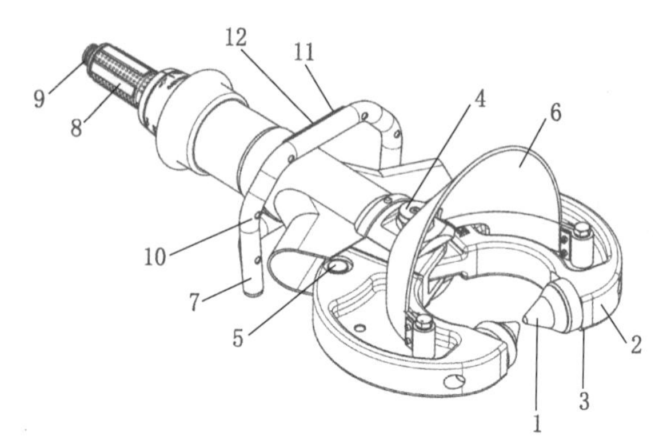

1—附件；2—夹臂；3—附件锁；4—活接头螺栓；
5—铰链销；6—保护罩；7—便携把手；8—紧急制动把手；
9—CORE 快速接头（凸形）；10—照明灯；
11—照明灯开关；12—电池

图 3-20　CC 23 液压混凝土破碎器结构图

» 主要技术参数：见表 3-8。

表 3-8　主要技术参数

型号	CC 23
接头类型	CORE
最大工作压力/bar	720

表3-8（续）

最大压碎开口/mm	230
压碎力/kN	113
所需含油量/mL	148
质量/kg	19.1
尺寸（长度×宽度×高度）/（mm×mm×mm）	815×415×217

◈ 操作步骤：

（1）连接液压泵、液压胶管、混凝土破碎器。

（2）启动液压泵。

（3）操作控制把手“← →”（打开）或“→ ←”（收回）进行作业。

（4）使用完毕后，闭合破碎器，关闭液压泵，断开液压胶管与破碎器、液压泵的连接。

◈ 注意事项：

（1）如果破碎器正在使用中或液压系统正处于压力状态下，禁止断开破碎器连接。

（2）放置破碎器时，确保张开的臂垂直于要破碎的物体。

（3）闭合破碎器，使其略微张开，使破碎器存放时不存在压力。

3.5 液压破拆装备：液压破碎镐（HH 27/HH 15/HH 10RV 型）

◎ 外观：如图 3-21 至图 3-23 所示。

图 3-21 HH 27 液压破碎镐

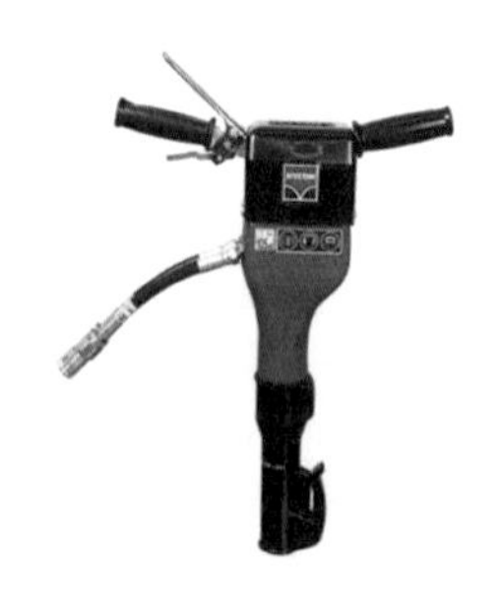

图 3-22 HH 15 液压破碎镐

图 3-23　HH 10RV 液压破碎镐

◎ 基本功能：适用水平或垂直作业、砖石破拆、轻型混凝土破拆、钢筋混凝土破拆、普通沥青破拆、强化沥青破拆、冻土破拆、岩石破碎等工作。

◎ 主要技术参数：见表 3-9。

表 3-9　主要技术参数

型号	HH 27	HH 15	HH 10RV
净重/kg	27.4	16.8	9.9
工作质量（包括镐钎和液压胶管）/kg	32.0	19.3	12.7
液压油流量/(L · min^{-1})	30	20	20
工作压力/bar	130	100	100
最大压力/bar	160	160	160
冲击频率/(次 · min^{-1})	1260	1830	2100

表 3-9（续）

冲击能量/J	105	40	22
声压强度，1 m 处/dB	98	93	93
声能强度/dB	110	105	105
振动强度/$(m \cdot s^{-2})$	10.7	6.6	9.6
镐钎尺寸/(mm×mm)	32×160	22×82	19×50

◎ 操作步骤：

（1）插入镐钎。

（2）连接液压胶管和液压动力站。

（3）启动液压动力站，控制开关设置到“ON”位置。

（4）向手柄压下扳机把手，进行作业。

（5）操作结束后松开扳机把手到原位，安全扳机将自动锁住扳机把手。

（6）液压动力站控制开关设置到“OFF”位置。

◎ 注意事项：

（1）连接液压胶管和液压动力站前，要检查并清洁快速接头。

（2）使用前一定要检查向破碎镐提供的液压流量。

（3）禁止破碎镐不装镐钎或镐钎离开工作面工作，否则可能会导致破碎镐过载工作。

（4）在连接或断开破碎镐之前，必须先断开液压回路。否则，会损坏快速接头或导致液压系统过热。

（5）当破碎镐与液压动力站连接时，不得进行检查和清洁工作，不得更换镐钎或拆卸液压胶管，以免破碎镐意外动作造成伤害事故。

（6）工作时，破碎镐与被破碎的物体要始终保持正确的角度，并逐小块地破碎。如果破碎速度不够快，说明破碎镐力量太小或者被破碎的物体太大。

（7）当破碎镐与液压动力站连接后，作业人员不能离开破碎镐。

3.6 液压破拆装备：液压圆盘锯（HCS 16/HCS 14 型）

◎ 外观：如图 3-24、图 3-25 所示。

图 3-24 HCS 16 液压圆盘锯

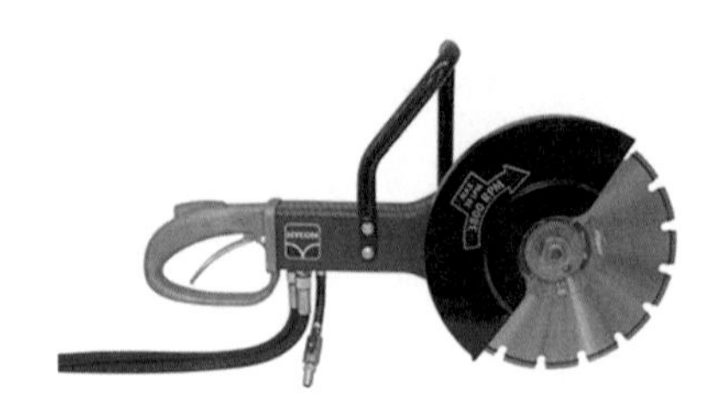

图 3-25　HCS 14 液压圆盘锯

◎ 基本功能：用于水平和垂直切割各种材料的物体，如钢筋混凝土、岩石、钢、砖墙、沥青等。完全不会受到水、粉尘等因素的影响。可以长时间工作、无需保养。具有防锯片卡死的自动停机安全保护功能。

◎ 主要技术参数：见表 3-10。

表 3-10　主要技术参数

型号	HCS 14	HCS 16
净重/kg	7.4	7.8
液压油流量/$(L \cdot min^{-1})$	20～30	20～40
工作压力/bar	120	120
最大压力/bar	172	172
锯片尺寸/mm	350	400
中心孔尺寸/mm	25.4	25.4
切割深度/mm	137	162

表 3-10（续）

声压强度，1 m 处/dB	105	97
声能强度，1 m 处/dB	116	108
振动强度/($m \cdot s^{-2}$)	<2.5	<2.5

◎ 操作步骤：

（1）安装锯片。

（2）连接液压胶管、液压动力站和冷却水管。

（3）启动液压动力站，控制开关设置到“ON”位置，打开冷却水供应源。

（4）找好切割点，向手柄压下扳机把手，开始切割。

（5）当切割槽出现后，朝向被切割物体压下锯片。

（6）作业结束后把锯片从物体上取下，松开扳机把手。

（7）液压动力站控制开关设置到“OFF”位置，断开冷却水供应源。

◎ 注意事项：

（1）切割作业时，必须保持冷却水的稳定供应。

（2）连接液压胶管和液压动力站前，要检查并清洁快速接头。

（3）使用前一定要检查向圆盘锯提供的液压流量。

（4）在连接或断开切割锯之前，必须先断开液压回路。否则，会损坏快速接头或导致液压系统过热。

（5）切割锯有自动安全扳手，保证锯片塞住时可以立即停止转动。重新开始切割前，要把锯片从切割的物体中移开。

（6）在切割前启动切割锯，切割完成后要停止工作，不要让切割锯自由转动。

（7）当切割锯与液压动力站连接后，作业人员不能离开切割锯。

（8）固定锯片丝扣为反扣，进行拆装锯片作业时应予以注意。

3.7 液压破拆装备：液压圆环锯（HRS 400 型）

◎ 外观：如图 3-26 所示。

图 3-26　HRS 400 液压圆环锯

◎ 基本功能：具有最大的切割深度，可以切割各种钢筋混凝土、砖、岩石等，可以水下工作，具有防锯片卡死的自动安全停机保护功能，振动低、质量轻。

◎ 主要技术参数：见表 3-11。

表 3-11 主要技术参数

型号	HRS 400
净重/kg	10.2
液压油流量/($L \cdot min^{-1}$)	30~40
建议冷却水最小供水量/($L \cdot min^{-1}$)	4
工作压力/bar	160
最大压力/bar	172
锯片尺寸/mm	400
切割深度/mm	300
切割线速度/($m \cdot s^{-1}$)	37~49
声压强度，1 m 处/dB	98
声能强度，1 m 处/dB	109
振动强度/($m \cdot s^{-2}$)	<2.5

◎ 操作步骤：

（1）安装金刚石锯片。

（2）连接液压胶管、液压动力站和冷却水管。

（3）启动液压动力站，控制开关设置到“ON”位置，打开冷却水供应源。

（4）按下安全触发器，然后按下扳机把手，启动液压圆环锯。

(5) 将液压圆环锯的锯片移向被切割的物体，开始切割。

(6) 作业结束后将液压圆环锯的锯片移出被切割的物体，然后松开扳机把手。

(7) 液压动力站控制开关设置到“OFF”位置，断开冷却水供应源。

» 注意事项：

(1) 连接液压胶管和液压动力站前，要检查并清洁快速接头。

(2) 圆环锯只可用于湿切，一定要确保冷却水供应充足、稳定。

(3) 使用前一定要检查向圆环锯提供的液压流量。

(4) 圆环锯有自动安全扳手，保证锯片塞住时可以立即停止转动。重新开始切割前，要把锯片从被切割的物体中移开。

(5) 在连接或断开圆环锯之前，必须先断开液压回路。否则，会损坏快速接头或导致液压系统过热。

(6) 为了方便清洁圆环锯，可让锯片在空中带水旋转 30 s，有助于去除锯片和驱动轮上的泥浆。每次切割完后，仔细清洗驱动轮，调整好锯片。

(7) 当圆环锯与液压动力站连接后，作业人员不能离开圆环锯。

3.8 液压破拆装备：液压岩芯钻（HCD 25-100 型）

◎ 外观：如图 3-27 所示。

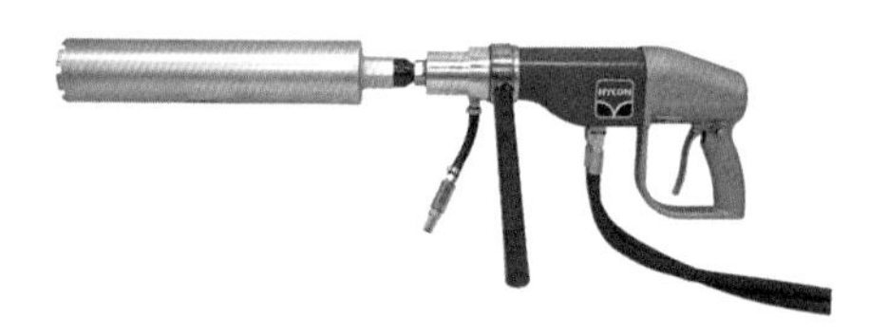

图 3-27 HCD 25-100 液压岩芯钻

◎ 基本功能：可在各种材质的物体上钻孔，如钢筋混凝土、岩石、砖、沥青等。可以在水下工作，完全不受水、粉尘等因素影响。具有防钻头卡死的自动停机安全保护功能。

◎ 主要技术参数：见表 3-12。

表 3-12 主要技术参数

型号	HCD 25-100
净重/kg	7.6
钻头直径/mm	25~100
液压油流量/(L · min^{-1})	20
工作压力/bar	100
最大压力/bar	172
最大转速/(r · min^{-1})	1500

表3-12（续）

声能强度，1 m处/dB	84
振动强度/($m \cdot s^{-2}$)	<2.5

◎ 操作步骤：

（1）安装钻头。

（2）连接液压胶管、液压动力站和冷却水管。

（3）启动液压动力站，控制开关设置到“ON”位置，打开冷却水供应源。

（4）选好作业点，调节前手柄并锁紧，确保钻孔过程中始终锁紧。

（5）向手柄压下扳机把手，开始钻孔。

（6）在开始钻孔时，先将钻头的1/5斜向切割工作面，当逐步地钻切开槽后，要慢慢移动直至整个钻头钻切成功，然后开始高速钻切。

（7）作业结束后从工作界面上拿开钻头，松开扳机把手。

（8）液压动力站控制开关设置到“OFF”位置，断开冷却水供应源。

◎ 注意事项：

（1）钻切作业时，必须保持冷却水的稳定供应。

（2）连接液压胶管和液压动力站前，要检查并清洁快速接头。

（3）使用前一定要检查向岩芯钻提供的液压流量。

（4）岩芯钻有自动安全保护装置，当钻头被卡时自动停机，可将钻头从孔中取出，然后重新开始钻切。

（5）在连接或断开岩芯钻之前，必须先断开液压回路。否则，会损坏快速接头或导致液压系统过热。

（6）当岩芯钻与液压动力站连接时，不得进行检查和清洁工作，不得更换钻头或拆卸液压管，以免岩芯钻意外动作造成伤害事故。

（7）当岩芯钻与液压动力站连接后，作业人员不能离开岩芯钻。

3.9 液压破拆装备：液压岩石钻（HRD 20 型）

- 外观：如图 3-28 所示。

图 3-28 HRD 20 液压岩石钻

◎ 基本功能：适用于岩石、混凝土等钻孔破拆，具有内置式空压机吹渣和四种不同工作模式，配备减振手柄。

◎ 主要技术参数：见表 3-13。

表 3-13 主要技术参数

型号	HRD 20
净重/kg	20
液压油流量/($L \cdot min^{-1}$)	20~25
工作压力/bar	115
最大压力/bar	160
旋转速度（$r \cdot min^{-1}$）	0~400
钻杆卡盘尺寸/(mm×mm)	22×108
除尘压缩空气流量/($m^3 \cdot min^{-1}$)	最大 0.08

◎ 操作步骤：

(1) 插入钻杆和钻头。

(2) 连接液压岩石钻、液压胶管和液压动力站。

(3) 启动液压动力站，控制开关设置到“ON”位置。

(4) 打开液压岩石钻动力开关。

(5) 将液压岩石钻的钻头放置在被钻物体上，压下控制手柄开始工作。

(6) 作业结束后将控制手柄恢复到原位，液压岩石钻停止工作。

(7) 液压动力站控制开关设置到“OFF”位置。

◎ 注意事项：

(1) 连接液压胶管和液压动力站前，要检查并清洁快速接头。

(2) 使用前一定要检查向岩石钻提供的液压流量。

(3) 禁止岩石钻不带钻杆钻头或没有顶着工作面工作，否则可能导致岩石钻过载工作。

(4) 在连接或断开岩石钻之前，必须先断开液压回路，否则会损坏快速接头，或导致液压系统过热。

(5) 当岩石钻与液压动力站连接时，不得进行检查和清洁工作，不得更换钻杆钻头或拆卸液压胶管，以免岩石钻意外动作造成伤害事故。

(6) 当岩石钻与液压动力站连接后，作业人员不能离开岩石钻。

3.10 液压破拆装备：岩石和混凝土分裂机（C12 型）

◎ 外观：如图 3-29 所示。

◎ 基本功能：运用楔块组的力学原理和液压机理，用于钢筋混凝土的破拆、岩石的分裂和破碎。

◎ 主要技术参数：见表 3-14。

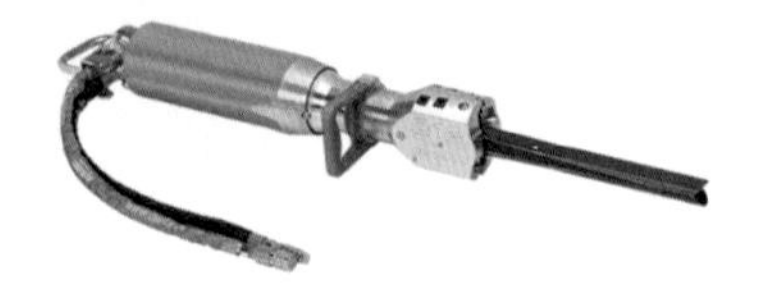

图 3-29　C12 岩石和混凝土分裂机

表 3-14　主要技术参数

型号	C12
需钻孔直径/mm	45~48
最小钻孔深度/mm	550
裂纹宽度/mm	24~56
理论分裂力/kN	4849
实际分裂力/kN	3150
质量/kg	31
分裂机长度/mm	1250
楔块组长度/mm	340

◎ 操作步骤：

（1）将分裂机控制阀放在无压力位置上。

（2）将分裂机与液压动力站连接，分别拧开液压分流阀上的高、低压连接头上的螺母，取下液压堵头，然后装上相应的高、低压液压连接管。

（3）充分润滑反向楔块和中间楔块的受压面。

(4) 将楔块插入提前打好的钻孔内，通过操作控制柄来操作分裂机进行分裂。

(5) 作业结束后，关闭液压动力站，将操作控制柄向两端位置来回移动一两次，使液压缸内的压力减小。

◎ 注意事项：

(1) 在连接液压管件时，低压管和高压管不可混接。

(2) 钻孔直径不应大于或小于技术参数所列出的数值。

(3) 钻孔深度必须大于中间楔块完全驶出后的楔块组长度。

(4) 每次分裂前必须检查反向楔块和中间楔块的受压面是否已经充分润滑。

(5) 在分裂过程中，如果遇到钢筋强度非常高的混凝土，可能会出现分裂孔周边的混凝土被压碎（扩孔），而不产生裂纹的现象。

3.11 液压破拆装备：小型多功能救援套装（P142型）

◎ 外观：如图3-30所示。

◎ 基本功能与设备构成：用于在狭小空间中进行破拆，套装包括手动液压泵、微型结构分离器、微型组合分离器、微型钢筋速断器。

◎ 主要技术参数：见表3-15。

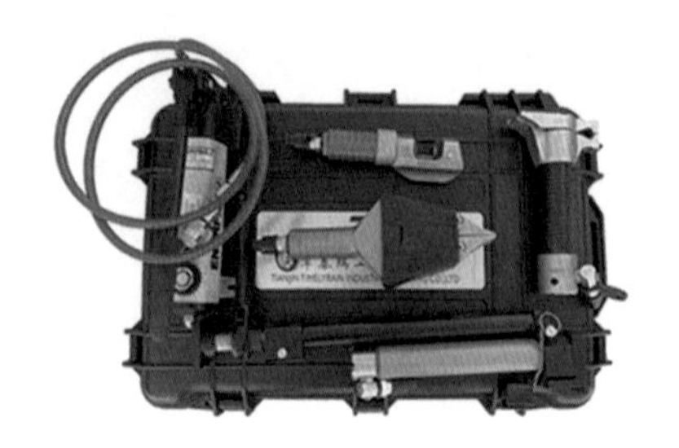

图 3-30　P142 小型多功能救援套装

表 3-15　主要技术参数

型号	P142
额定工作压力/bar	630
手动液压泵油管长度/mm	200
手动液压泵质量/kg	2. 7
微型结构分离器最大分离（扩张）力/kN	40
微型结构分离器闭合长度/mm	360
微型结构分离器分离（扩张）距离/mm	155
微型结构分离器质量/kg	3. 5
微型组合分离器最大开启力/kN	50
微型组合分离器闭合长度/mm	250
微型组合分离器最大开启高度/mm	300
微型组合分离器最大顶撑高度/mm	380

表 3-15（续）

微型组合分离器质量/kg	4.7
微型钢筋速断器刀口最大开口距离/mm	22
微型钢筋速断器最大剪断能力/mm	直径 16（圆钢）
微型钢筋速断器空载张开时间/s	<12
微型钢筋速断器质量/kg	1.9

» 操作步骤：

（1）连接手动液压泵和救援工具。

（2）逆时针旋转手动液压泵油箱盖约 1/4 圈，使油箱与大气相通。

（3）反复移动手动液压泵手柄，向救援工具供油，进行救援作业。

（4）作业结束后，打开手动液压泵泄压阀，救援工具回到初始位置，断开连接。

» 注意事项：

（1）手动液压泵在与救援工具断开连接时会有微量液压油渗出，定期检查补充。

（2）避免微型结构分离器两臂和微型组合分离器支撑承受过大的冲击性载荷，以免造成设备断裂或失效。

（3）进行切断作业时，应尽量将被切物体置于刀刃口的中间位置，被切物体与刀刃平面应尽量垂直。

3.12 内燃破拆装备：内燃圆盘锯

3.12.1 内燃圆盘锯（TS 420 型）

◎ 外观及结构：如图 3-31、图 3-32 所示。

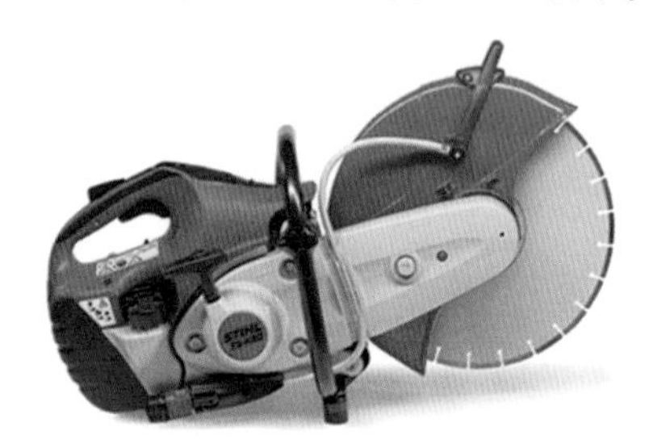

图 3-31 TS 420 内燃圆盘锯

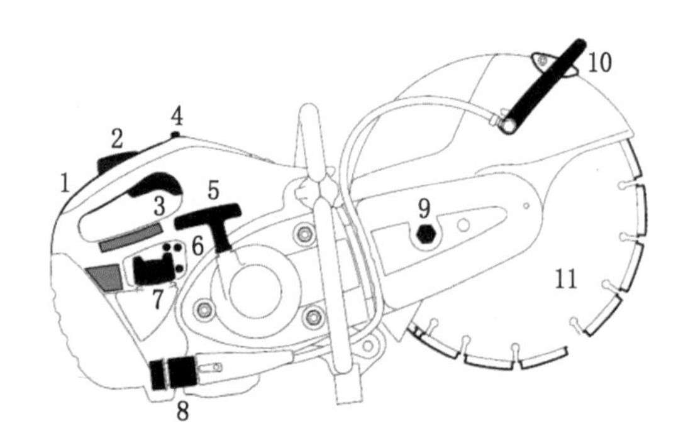

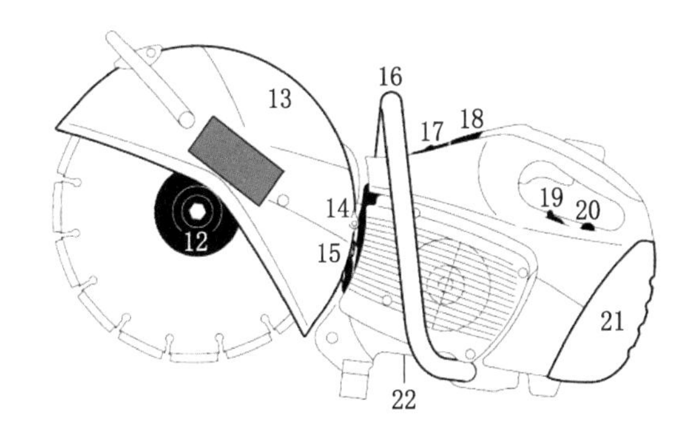

1—后把手；2—油门杆锁；3—油门；4—组合移动开关；5—启动手柄；6—化油器调节螺钉；7—油箱盖；8—水处理配件；9—张紧螺母；10—调节杆；11—砂轮片；12—前止推垫圈；13—护罩；14—消音器；15—防火花格栅；16—把手杆；17—减压阀；18—火花塞插头盖；19—风门杆；20—手动燃油泵；21—过滤器盖；22—序列号

图 3-32　TS 420 内燃圆盘锯结构图

◎ 基本功能：由单缸两冲程汽油发动机驱动，使用金刚石锯片，可对沥青、混凝土、石材等进行切割。使用合成树脂锯片，可对沥青、混凝土、石材、球墨铸铁管、钢进行切割。

◎ 主要技术参数：见表 3-16。

表 3-16　主要技术参数

型号	TS 420
切割锯片直径/mm	350
最大切割深度/mm	125
发动机功率/kW	3.2
排量/cm^3	66.7
最高主轴转速/$(r \cdot min^{-1})$	4880
空转转速/$(r \cdot min^{-1})$	2500
燃油箱容积/mL	710
声能等级/dB（A）	109
声压等级/dB（A）	98
左震动值/$(m \cdot s^{-2})$	3.9
右震动值/$(m \cdot s^{-2})$	3.9
质量（不含锯片和燃油）/kg	9.7
总长度/mm	725

◎ 操作步骤：

（1）发动机冷却状态下，同时按住油门卡和油门，将组合开关调至“START”位置；关闭阻风门，按下减压阀按钮，慢慢拉动启动绳，直到遇到阻力，然后连续快速用力拉动；一旦发动机运转，轻点油门，组合开关跳到运转位置“1”，打开阻风门。

（2）发动机温热状态下，同时按住油门卡和油门，将组合开关调至“START”位置；按下减压阀按钮，慢慢拉动启动绳，直到遇到阻力，然后连续快速用力拉动。

（3）作业结束后将组合开关调至“0”位置。

◎ 注意事项：

（1）用金刚石锯片和合成树脂锯片采用湿切法进行切割时，必须始终有水供给。

（2）依据型号的不同，合成树脂锯片仅适于干切或仅适于湿切。

（3）严格按照所使用二冲程机油混合比例要求去配比加入混合油，否则会对发动机造成严重损坏。

（4）湿切法切割结束，应在无水条件下以运转速度继续旋转锯片约 3~6 s，以甩干残留水分，用水冲洗清洁切割锯。

（5）应及时检查并确保切割锯片上无裂纹或损坏。

3.12.2 内燃圆盘锯（K 770 型）

◎ 外观及结构：如图 3-33、图 3-34 所示。

图 3-33 K 770 内燃圆盘锯

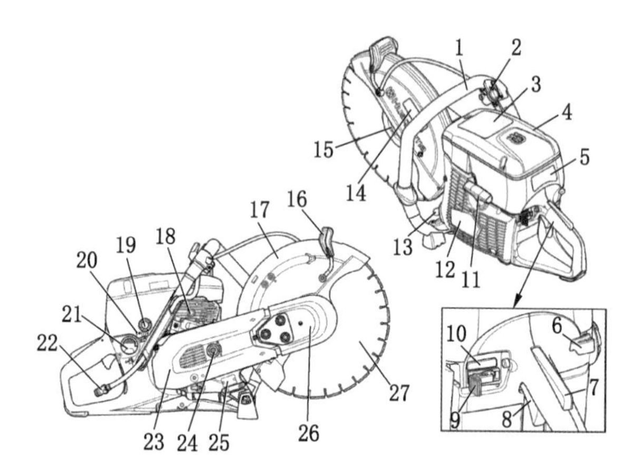

1—前手柄；2—水阀；3—警告标识；4—空气滤清器外壳；5—启动说明标识；6—风门；7—油门扳机锁；8—油门扳机；9—停止开关；10—结合/分离；11—启动绳把手；12—启动器箱体；13—消音器；14—切割设备标识；15—法兰、心轴、轴衬；16—锯片防护罩的调整手柄；17—锯片防护罩；18—减压阀；19—注油泵球囊；20—怠速调整 T 形螺钉；21—燃油箱盖；22—带滤清器的水接头；23—后皮带保护罩；24—皮带张紧螺栓；25—铭牌；26—前皮带保护罩；27—切割锯片

图 3-34　K 770 内燃圆盘锯结构图

◎ 基本功能：由单缸两冲程汽油发动机驱动，使用金刚石锯片，可对钢筋混凝土、砌体和石料进行切割。使用胶合研磨切割锯片，可对沥青、混凝土、石砌体、钢材、合金钢等各种材料进行切割。

◎ 主要技术参数：见表 3-17。

表 3-17 主要技术参数

型号	K 770
切割锯片直径/mm	350
最大切割深度/mm	125
发动机功率/kW	3.7
排量/cm^3	74
最高主轴转速/($r \cdot min^{-1}$)	4700
空转转速/($r \cdot min^{-1}$)	2700
燃油箱容积/mL	900
声能等级/dB（A）	115
声压等级/dB（A）	101
左震动值/($m \cdot s^{-2}$)	2
右震动值/($m \cdot s^{-2}$)	2.3
质量（不含锯片和燃油）/kg	10.1
总长度/mm	415

◎ 操作步骤：

(1) 发动机冷却状态下，确定“STOP”开关位于左侧位置，将风门拉杆拉到底；按下减压阀按钮，按动注油泵球囊6次，直至球囊中注满燃油；慢慢拉动启动绳，直到遇到阻力，然后连续快速用力拉动；发动机启动后，推动风门拉杆，推动油门扳机以松开启动油门，内燃圆盘锯处在怠速状态，如果用湿切法需要打开水阀。

（2）发动机温热状态下，确定“STOP”开关位于左侧位置，将风门拉杆拉到底；按下减压阀按钮，推动风门拉杆，慢慢拉动启动绳，直到遇到阻力，然后连续快速用力拉动；推动油门扳机以松开启动油门，将内燃圆盘锯设定在怠速位置，如果用湿切法需要打开水阀。

（3）作业结束后关闭水阀（湿切法），将“STOP”向右移动以停止发动机。

» 注意事项：

（1）切勿将胶合研磨切割锯片与水一起使用。

（2）请勿使用带齿锯片。

（3）应及时检查并确保切割锯片上无裂纹或损坏。

（4）湿切法切割用金刚石锯片必须始终与水配合使用。

（5）干切法切割用金刚石锯片，切割锯片周围必须通风良好，间歇式操作，以降低温度。

（6）确保切割锯片转动自如。发动机启动时，切割锯片开始转动。当发动机停止后，切割锯片将继续旋转一段时间。确保切割锯片可以自如地转动，直到其完全停下来。

(7) 严格按照所使用二冲程机油混合比例要求去配比加入混合油，否则会对发动机造成严重损坏。

(8) 湿切法切割结束，应在无水条件下以运转速度继续旋转锯片约 3~6 s，以甩干残留水分，用水冲洗清洁切割锯。

(9) 如果对内燃圆盘锯使用过大的力，锯片会变得过热、弯曲并引起内燃圆盘锯振动。

3.13 内燃破拆装备：内燃环锯（K 970 Ring 型）

◎ 外观及结构：如图 3-35、图 3-36 所示。

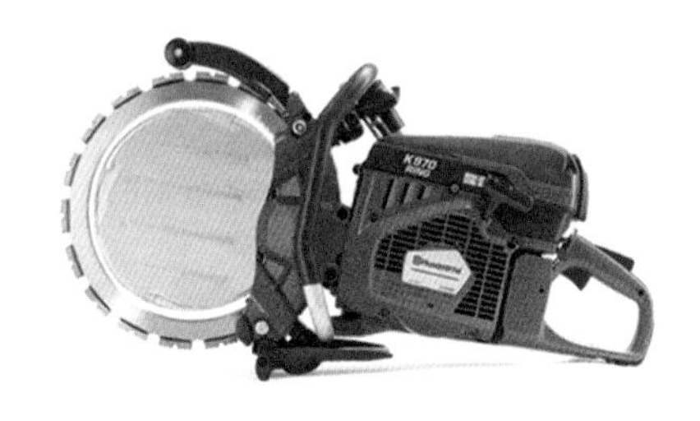

图 3-35 K 970 Ring 内燃环锯

◎ 基本功能：由单缸两冲程汽油发动机驱动，使用金刚石锯片，可对钢筋混凝土、砌体和其他复合材料进行切割。

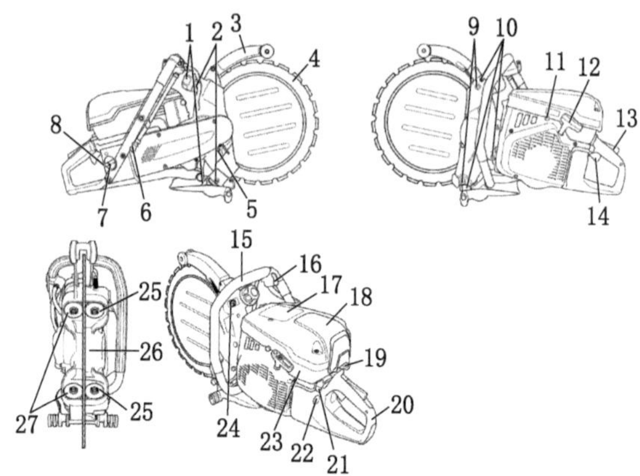

1—导辊调节装置；2—油嘴；3—锯片防护罩/防喷护罩；4—金刚石锯片；5—驱动轮的锁紧按钮；6—带滤清器的水接头；7—油箱盖；8—铭牌；9—调节器螺丝；10—盖螺钉；11—减压阀；12—启动器把手；13—油门锁；14—油门扳机；15—前侧手柄；16—水龙头；17—警告标识；18—空气滤清器外壳；19—阻风门；20—后侧把手；21—停止开关；22—空气吹洗装置；23—气缸罩；24—支撑辊臂的锁紧螺母；25—支撑辊；26—驱动轮；27—导辊

图 3-36　K 970 Ring 内燃环锯结构图

» 主要技术参数：见表 3-18。

表 3-18 主要技术参数

型号	K 970 Ring
切割锯片直径/mm	370
最大切割深度/mm	270
发动机功率/kW	4. 8
排量/cm^3	93. 6
空转转速/($r \cdot min^{-1}$)	2700
燃油箱容积/mL	1000
最低水流量/($L \cdot min^{-1}$)	4
声能等级/dB（A）	115
声压等级/dB（A）	104
左震动值/($m \cdot s^{-2}$)	2. 7
右震动值/($m \cdot s^{-2}$)	3. 4
质量（不含锯片和燃油）/kg	13. 8
总长度/mm	431

操作步骤：

（1）发动机冷却状态下，确定“STOP”开关位于左侧位置，将风门拉杆拉到底；按下减压阀按钮，按动注油泵球囊 6 次，直至球囊中注满燃油；慢慢拉动启动绳，直到遇到阻力，然后连续快速用力拉动；发动机启动后，推动风门拉杆，推动油门扳机以松开启动油门，内燃环锯处在怠速状态，打开水阀。

（2）发动机温热状态下，确定“STOP”开关位于左侧位置，将风门拉杆拉到底；按下减压阀按钮，推动风门拉杆，慢慢拉动启动绳，直到遇到阻力，然后连续快速用力拉动；推动油门扳机以松开启动油门，内燃环锯处在怠速状态，打开水阀。

（3）作业结束后关闭水阀，将“STOP”向右移动以停止发动机。

» 注意事项：

（1）安装新锯片时要更换驱动轮。

（2）如果锯片转速慢或者停止，立即停止切割并检修故障。

（3）应及时检查并确保切割锯片上无裂纹或损坏。

（4）湿切法切割用金刚石锯片必须始终与水配合使用。

（5）确保切割锯片转动自如。发动机启动时，切割锯片开始转动。当发动机停止后，切割锯片将继续旋转一段时间。确保切割锯片可以自如地转动，直到其完全停下来。

（6）严格按照所使用二冲程机油混合比例要求去配比加入混合油，否则会对发动机造成严重损坏。

（7）湿切法切割结束，应在无水条件下以运转速度继续旋转锯片约 3~6 s，以甩干残留水分，用水冲洗清洁切割锯。

（8）如果对环锯使用过大的力，环锯片会变得过热、弯曲并引起环锯振动。

3.14 内燃破拆装备：内燃链锯（MS 382 型）

◎ 外观及结构：如图 3-37、图 3-38 所示。

图 3-37　MS 382 内燃链锯

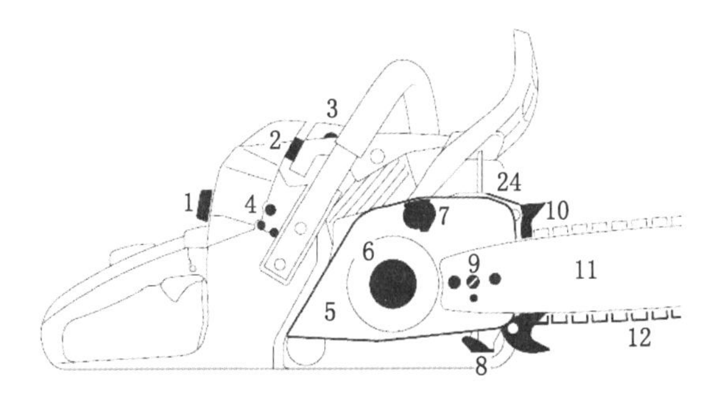

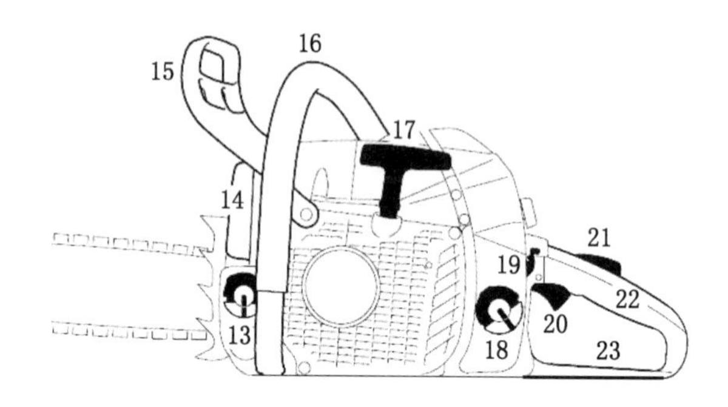

1—化油器箱盖旋钮；2—火花塞插头；3—减压阀；4—化油器调节螺钉；5—链轮罩；6—链轮；7—锯链制动器；8—挡链销；9—锯链张紧器；10—插木齿；11—导板；12—锯链；13—润滑油箱盖；14—消音器；15—前手防护挡；16—前把手（把手杆）；17—启动手柄；18—油箱盖；19—组合移动开关；20—油门；21—油门卡；22—后把手；23—后手防护挡；24—序列号

图 3-38　MS 382 内燃链锯结构图

◎ 基本功能：由单缸两冲程汽油发动机驱动，可对木材进行切割。

◎ 主要技术参数：见表 3-19。

表 3-19 主要技术参数

型号	MS 382
最大切割长度/mm	630
发动机功率/kW	3.8
排量/cm^3	72.2
空转转速/($r \cdot min^{-1}$)	2800
燃油箱容积/mL	680
锯链润滑油箱容积/mL	360
声能等级/dB（A）	118
声压等级/dB（A）	106
左震动值/($m \cdot s^{-2}$)	5.9
右震动值/($m \cdot s^{-2}$)	5.7
质量（不含导板、锯链和燃油）/kg	6.2

◎ 操作步骤：

（1）发动机冷却状态下，按下减压阀按钮，将手防护挡向前推，锯链锁住，按下油门卡，同时压住油门，将组合移动开关调至冷启动位置；慢慢拉动启动绳，直到遇到阻力，然后连续快速用力拉动；当发动机开始点火时，再次按下减压阀按钮，将组合移动开关调至热启动位置；继续拉动启动绳，发动机启动后，立即轻点油门，组合移动开关跳到正常运转位置，发动机进入怠速状态，将手防护挡拉向前把手。

（2）发动机温热状态下，按下减压阀按钮，将手防护挡向前推，锯链锁住；按下油门卡，同时压住油门，将组合移动开关调至冷启动位置，然后将其推入热启动位置；慢慢拉动启动绳，直到遇到阻力，然后连续快速用力拉动；发动机启动后，立即轻点油门，组合移动开关跳到正常运转位置，发动机进入怠速状态，将手防护挡拉向前把手。

（3）作业结束后，将组合移动开关移动到停机位置。

◎ 注意事项：

（1）在打开油门之前或进行锯切之前，必须释放链锯制动器。

（2）发动机点火后，减压阀会立即关闭。因此，每次启动前必须按下该按钮。

（3）严格按照所使用二冲程机油混合比例要求去配比加入混合油，否则会对发动机造成严重损坏。

（4）工作之前检查锯链润滑情况和油箱内润滑油的油量，锯链必须一直都有少量润滑油甩出。

3.15 内燃破拆装备：内燃混凝土链锯

3.15.1 内燃混凝土链锯（633GC 型）

◎ 外观：如图 3-39 所示。

◎ 基本功能：由单缸两冲程汽油发动机驱动，可对

图 3-39 633GC 内燃混凝土链锯

钢筋混凝土和石材进行切割。

◎ 主要技术参数：见表 3-20。

表 3-20 主要技术参数

型号	633GC
最大切割长度/mm	400
发动机功率/kW	4.8
排量/cm^3	101
空转转速/($r \cdot min^{-1}$)	2800
最高转速/($r \cdot min^{-1}$)	11500
燃油箱容积/mL	1000
噪声等级/dB（A）	102

表 3-20（续）

震动值（前把处）/($m \cdot s^{-2}$)	8
水压要求/bar	2.5~11
质量（包含导板和锯链）/kg	12.5

◈ 操作步骤：

（1）发动机冷却状态下，把点火开关切换到启动位置，拉出阻风门杆；按下安全开关，同时扣住节气门扳机，然后按住节气门锁钮，把节气门锁在启动位置上；先开启 1/4 圈水阀，一旦链锯转动，马上开足水阀；慢慢拉动启动绳，直到遇到阻力，然后连续快速用力拉动；当发动机开始点火时，马上推进阻风门杆；发动机启动后，扣一下扳机使锁住的扳机解除，发动机进入怠速状态。

（2）发动机温热状态下，把点火开关切换到启动位置，推入阻风门杆；按下安全开关，同时扣住节气门扳机，然后按住节气门锁钮，把节气门锁在启动位置上；先开启 1/4 圈水阀，一旦链锯转动，马上开足水阀；慢慢拉动启动绳，直到遇到阻力，然后连续快速用力拉动；发动机启动后，扣一下扳机使锁住的扳机解除，发动机进入怠速状态。

（3）作业结束后，将组合移动开关移动到停机位置，关闭水阀。

◎ 注意事项：

（1）切割时，链锯上的水压表至少要有 2.5 bar 水压，建议水压为 5.6 bar。

（2）切割结束后，带水运转至少 15 s，用水冲洗清洁链锯。

（3）严格按照所使用二冲程机油混合比例要求去配比加入混合油，否则会对发动机造成严重损坏。

（4）不可切割铸铁管。

3.15.2 内燃混凝土链锯（K 970 Chain 型）

◎ 外观及结构：如图 3-40、图 3-41 所示。

图 3-40 K 970 Chain 内燃混凝土链锯

◎ 基本功能：由单缸两冲程汽油发动机驱动，可对混凝土、砌体和石料进行切割。

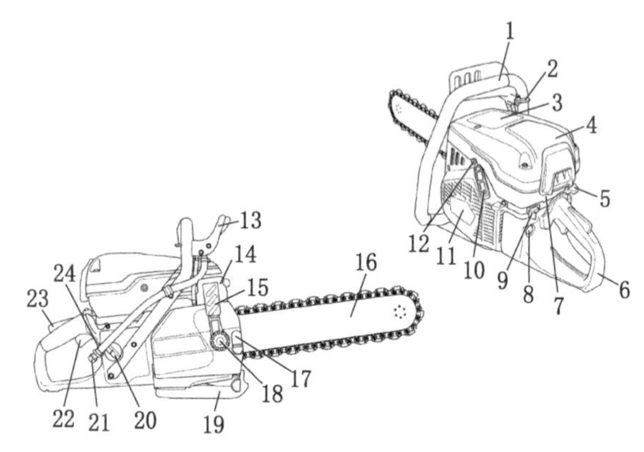

1—前侧手柄；2—水龙头；3—警告标识；4—空气滤清器外壳；5—阻风门；6—后侧把手；7—气缸罩；8—空气吹洗装置；9—停止开关；10—启动器把手；11—启动器；12—减压阀；13—护手板；14—消音器；15—锯链张力把手；16—导板把手和锯链；17—反向螺丝；18—轮杆螺母；19—防溅罩；20—油箱盖；21—带滤清器的水接头；22—油门扳机；23—油门锁；24—铭牌

图 3-41　K 970 Chain 内燃混凝土链锯结构图

◎ 主要技术参数：见表 3-21。

表 3-21 主要技术参数

型号	K 970 Chain
最大切割长度/mm	450
发动机功率/kW	4.8
排量/cm^3	93.6
空转转速/($r \cdot min^{-1}$)	2700
最高转速/($r \cdot min^{-1}$)	9300
燃油箱容积/mL	1000
声能等级/dB（A）	115
声压等级/dB（A）	103
左震动值/($m \cdot s^{-2}$)	3.6
右震动值/($m \cdot s^{-2}$)	4.7
质量（不含锯片和燃油）/kg	9.5
总长度/mm	380

操作步骤：

（1）发动机冷却状态下，确定“STOP”开关位于左侧位置，将风门拉杆拉到底；按下减压阀按钮，按动注油泵球囊 6 次，直至球囊中注满燃油；慢慢拉动启动绳，直到遇到阻力，然后连续快速用力拉动；发动机启动后，推动风门拉杆，推动油门扳机以松开启动油门，链锯处在怠速状态，打开水阀。

（2）发动机温热状态下，确定“STOP”开关位于左侧位置，将风门拉杆拉到底；按下减压阀按钮，推动风门拉杆，慢慢拉动启动绳，直到遇到阻力，然后连续快速用力拉动；推动油门扳机以松开启动油门，链锯处在怠速状态，打开水阀。

（3）作业结束后关闭水阀，将“STOP”向右移动以停止发动机。

» 注意事项：

（1）应及时检查并确保金刚石锯链没有裂缝或其他损坏。

（2）将钢筋与尽可能多的混凝土一起切割，这可减少金刚石锯链的磨损。

（3）湿切法切割用金刚石链条必须始终与水配合使用。

（4）湿切法切割结束，用水冲洗清洁链条。

（5）确保在开关扳机锁松开时开关扳机锁止在怠速位置。松开开关扳机，确保锯链在 10 s 内停止并保持静止不动。确保开关扳机和开关扳机锁能自由移动，并且复位弹簧工作正常。

（6）严格按照所使用二冲程机油混合比例要求去配比加入混合油，否则会对发动机造成严重损坏。

3.16 内燃破拆装备：内燃破碎镐（BH23 型）

◎ 外观：如图 3-42 所示。

图 3-42 BH23 内燃破碎镐

◎ 基本功能：由单缸两冲程汽油发动机驱动气动冲击系统，可对混凝土、沥青和砖石等进行破碎。

◎ 主要技术参数：见表 3-22。

表 3-22 主要技术参数

型号	BH23
排量/cm^3	80
冲击速率/(次 · min^{-1})	1300
单次冲击能量/J	55
最大功率/kW	2

表 3-22（续）

额定功率/kW	1.6
额定转速/$(r \cdot min^{-1})$	4250
燃油箱容量/mL	1800
燃油消耗量/$(mL \cdot h^{-1})$	900
声能等级/dB（A）	108
声压等级/dB（A）	101
质量/kg	23.8
尺寸（长度×宽度×高度）/(mm×mm×mm)	777×492×346

操作步骤：

（1）发动机冷却状态下，将破碎镐垂直放置，打开燃油阀，打开阻风门，反复按压燃料泵波纹管，直至波纹管充满燃料；按住加油手柄，慢慢拉动启动绳，直到遇到阻力，然后连续快速用力拉动；当发动机开始点火时，关闭阻风门；继续拉动启动绳，发动机启动后，松开加油手柄，发动机进入怠速状态。

（2）发动机温热状态下，将破碎镐垂直放置，打开燃油阀，关闭阻风门，反复按压燃料泵波纹管，直至波纹管充满燃料；按住加油手柄，慢慢拉动启动绳，直到遇到阻力，然后连续快速用力拉动；发动机启动后，松开加油手柄，发动机进入怠速状态。

（3）作业结束后，按住“OFF”开关，直至破碎机完全停止，关闭燃油阀。

◎ 注意事项：

（1）请勿将启动拉绳全部拉出，让启动拉绳慢慢回卷。

（2）用足够的力气握住破碎机，而不是下端制动销，可以感觉到机器的弹簧系统。

（3）严格按照所使用二冲程机油混合比例要求去配比加入混合油，否则会对发动机造成严重损坏。

（4）在 0 ℃以下使用破碎镐时，先用较低的发动机速度预热破碎镐，切勿按住加油手柄。

3.17 电动破拆装备：充电式链锯（M18 FCHS-0 型）

◎ 外观：如图 3-43 所示。

图 3-43 M18 FCHS-0 充电式链锯

◎ 基本功能：由电池供电驱动，可对木材进行切割。

◎ 主要技术参数：见表 3-23。

表 3-23 主要技术参数

型号	M18 FCHS-0
电压/V	18
电池类型	红锂电池
切割长度/mm	380
导板长度/mm	406
链锯速度/($m \cdot s^{-1}$)	12.4
质量（不含电池)/kg	4.7
总长度/mm	838

◎ 注意事项：

（1）请确保切割的木材上没有如铁钉之类的异物。

（2）不要将链锯暴露在雨中。

3.18 电动破拆装备：电动凿破机（TE 800-AVR/TE 3000-AVR 型）

◎ 外观：如图 3-44、图 3-45 所示。

图 3-44 TE 800-AVR 电动凿破机

图 3-45 TE 3000-AVR 电动凿破机

◎ 基本功能：由发电机或市电为电机供电驱动，可对钢筋混凝土、沥青和砖石等进行破碎。

◎ 主要技术参数：见表 3-24。

表 3-24 主要技术参数

型号	TE 800-AVR	TE 3000-AVR
额定输入功率/W	1850	2100
单次冲击能源/J	21	85
全速锤击频率/(次 · min^{-1})	1890	858
凿子性能最大值/(cm^3 · min^{-1})	2500	60000
凿入混凝土的三轴震动值/(m · s^{-2})	9.0	6.3
声能等级/dB (A)	98	106
声压等级/dB (A)	87	95
尺寸 (长度×宽度×高度)/(mm×mm×mm)	587×141×326	820×588×218
质量/kg	10.6	27.1

◎ 操作步骤：

（1）将凿子插入电动凿破机夹头中，直至听到其接合时发出“咔嗒”的声音并且黄色警示环不再可见。

（2）连接电源线，将电子插接器在插座中插到底，直到听到其接合的声音，将电源插头插入电源插座。

（3）按压手柄和电源开关，凿破机启动。

（4）长按电源开关进行操作，通过按压手柄来控制凿破机。

（5）作业结束后从电源插座上拔掉电源线插头，拆卸电源线和凿子。

◎ 注意事项：

（1）如果暂停超过 1 min，凿破机会恢复到起始状态。重启时必须再次按压手柄和电源开关。

（2）对凿破机进行任何调节前或更换配件前，先拔出电源线插头。

（3）通过抓住并拉动凿子，检查并确认凿子已正确接合。

3.19 电动破拆装备：充电式往复锯（M18 FSX-0C 型）

◎ 外观：如图 3-46 所示。

◎ 基本功能：由电池供电驱动，可对木材和金属进行切割。

图3-46 M18 FSX-0C 充电式往复锯

◎ 主要技术参数：见表3-25。

表3-25 主要技术参数

型号	M18 FSX-0C
电压/V	18
空载转速/$(r \cdot min^{-1})$	0~3000
行程/mm	32
切割能力/mm	金属管：直径150
	铝材：25
	木材：300
	钢材：20
质量（不含电池)/kg	4

◎ 注意事项：

(1) 为最大限度地延长刀刃的使用寿命，请调整刀刃行程长度以便于高效使用。请勿在未安装基座的情况下操作往复锯。

(2) 安装锯条时从后侧拉刀刃背两三次，确认刀刃已安装牢固。

(3) 一旦安装了电池并打开电源，则可以在每次按下模式选择器开关时更改模式。

(4) 切锯作业启动时，开始时以低行程量（低速）准确切锯所需位置。实现准确切锯后，可增加行程量(高速)，直至完成切锯。

(5) 具备刀刃前后移动的直线模式，以及刀刃上下前后移动的轨道模式。

(6) 由于切割物的构成或锯条的不同，有时马达会锁住。一旦马达锁住，请立即关闭开关。

(7) 在切锯金属材料时，应适当使用机油或润滑油。

(8) 请在长时间连续作业或更换电池后，使机器静止 15 min。

3.20 电动破拆装备：锂电切割锯（K1 PACE 型）

◈ 外观及结构：如图 3-47、图 3-48 所示。

图 3-47 K1 PACE 锂电切割锯

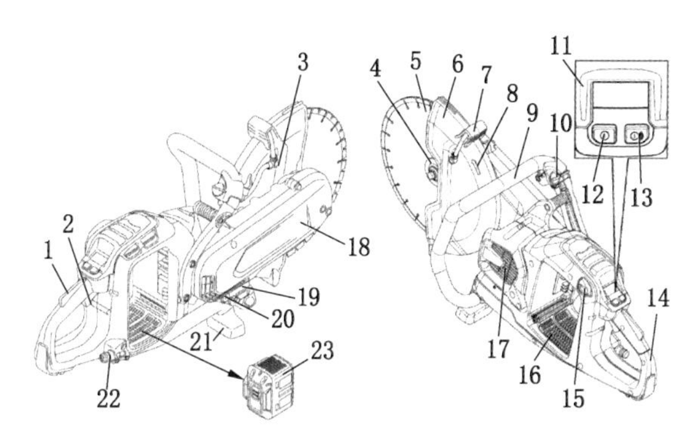

1—开关扳机锁；2—开关扳机；3—喷水嘴；4—金刚石锯片法兰、心轴、轴衬；5—修磨刀片；6—锯片防护罩；7—锯片防护罩的调整手柄；8—心轴旋转方向；9—前手柄；10—水阀；11—控制面板；12—ON/OFF［开/关］按钮；13—附件 ON/OFF［开/关］按钮；14—后手柄；15—电池释放按钮；16—电池槽；17—电机进气口；18—皮带保护罩；19—标牌；20—辅助轴衬 20 mm；21—前部地面支撑；22—带滤清器的水接头；23—电池

图 3-48　K1 PACE 锂电切割锯结构图

◎ 基本功能：由高功率电池系统供电驱动，可对混凝土、砌体、石料和钢材等进行切割。

◎ 主要技术参数：见表 3-26。

表 3-26　主要技术参数

型号	K1 PACE
切割锯片直径/mm	361
最大切割深度/mm	145
空转转速/$(r \cdot min^{-1})$	3400
声能等级/dB（A）	113
声压等级/dB（A）	102
左震动值/$(m \cdot s^{-2})$	2.2
右震动值/$(m \cdot s^{-2})$	1.2
质量/kg	7.9
总长度/mm	423

操作步骤：

（1）检查开关扳机和开关扳机锁。

（2）将电池放入电池座中，按压电池，直至听到“咔嗒”声。

（3）按住“ON/OFF［开/关］”按钮，直至电池状态指示灯亮起。

（4）按下开关扳机和开关扳机锁以启动电机，如果用湿切法需要打开水阀。

（5）作业结束后松开开关扳机，按住控制面板上的“ON/OFF［开/关］”按钮，直至状态指示灯熄灭。

（6）按下电池释放按钮，从电池座中取出电池。

◎ 注意事项：

（1）切勿将胶合研磨切割锯片与水一起使用。

（2）请勿使用带齿锯片。

（3）应及时检查并确保切割锯片上无裂纹或损坏。

（4）湿切法切割用金刚石锯片必须始终与水配合使用。

（5）干切法切割用金刚石锯片，切割锯片周围必须通风良好，间歇式操作，以降低温度。

（6）湿切法切割结束，应在无水条件下以运转速度继续旋转约 3~6 s，以甩干残留水分，用水冲洗清洁切割锯。

（7）电池温度过高时无法充电。让电池先冷却下来，再为电池充电。在将电池放入充电器之前，确保电池和充电器清洁、干燥。新电池仅充电至 30%。

（8）确保开关扳机和开关扳机锁能自由移动，并且复位弹簧工作正常。

（9）如果持续 3 min 未使用切割锯，切割锯将自动关机，控制面板熄灭。

（10）如果对切割锯使用过大的力，锯片会变得过热、弯曲并引起切割锯振动。

3.21 电动破拆装备：高频电动圆盘锯（K 7000 型）

◎ 外观及结构：如图 3-49、图 3-50 所示。

图 3-49　K 7000 高频电动圆盘锯

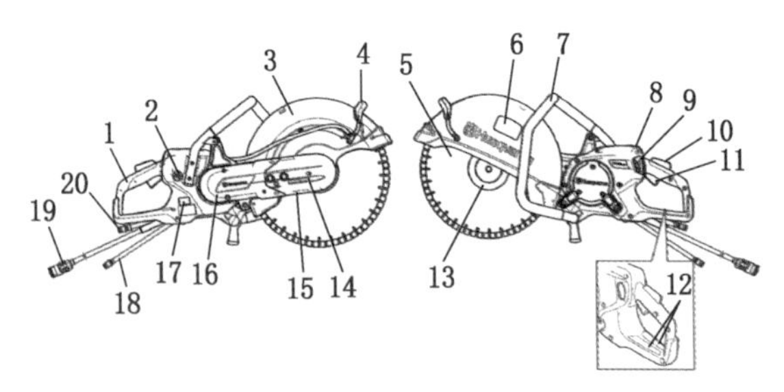

1—后手柄；2—供水开关；3—锯片防护罩；4—锯片防护罩的调整手柄；5—切割锯片；6—切割设备标识；7—前手柄；8—显示屏；9—水流调整阀；10—开关扳机锁；11—开关扳机；12—信息和警告标识；13—法兰、心轴和轴衬；14—皮带张紧螺栓；15—前皮带保护罩；16—后皮带保护罩；17—铭牌；18—带过滤器的进水接头；19—动力单元接头；20—出水接头（回水软管）

图 3-50　K 7000 高频电动圆盘锯结构图

◎ 基本功能：由高频电机驱动，使用金刚石锯片，可对混凝土、砌体、石料和钢材等坚硬材料进行切割。

◎ 主要技术参数：见表3-27。

表3-27 主要技术参数

型号	K 7000
电机最大输出功率，三相运行/kW	5.5
电机最大输出功率，单相运行/kW	3
额定电流，三相/A	16
额定电流，单相/A	10
频率，三相/Hz	60
频率，单相/Hz	50
电压，三相/V	200~480
电压，单相/V	220~240
最高主轴转速（$r\cdot min^{-1}$）	4300
切割锯片直径/mm	400
最大切割深度/mm	155
最低水流量/（$L\cdot min^{-1}$）	0.5
声能等级/dB（A）	111
声压等级/dB（A）	104
左震动值/（$m\cdot s^{-2}$）	1.8
右震动值/（$m\cdot s^{-2}$）	1.8
质量（不含锯片和电缆）/kg	9.8
总长度/mm	476

◎ 操作步骤：

（1）连接高频动力站和水管。

（2）如果采用湿切法，须将水管连接到水源，按下开关扳机锁，打开水阀，握住开关扳机，用拇指调整水流量，空载运行至少 30 s 后开始切割作业。

（3）如果采用干切法，须转动供水开关 180°，按下水流调整阀停止水流，按下开关扳机锁并握住开关扳机，空载运行至少 30 s 后开始切割作业。

（4）作业结束后，松开开关扳机以停止电机运转，或按下动力站上的停机按钮。

◎ 注意事项：

（1）请勿使用带齿锯片。

（2）应及时检查并确保切割锯片上无裂纹或损坏，在检查并安装切割锯片后以最高空载转速让切割锯运行1 min。

（3）湿切法切割用金刚石锯片必须始终与水配合使用。

（4）干切法切割用金刚石锯片，切割锯片周围必须通风良好，间歇式操作，以降低温度。

（5）确保在开关扳机锁松开时开关扳机锁止在怠速位置。松开开关扳机，确保切割锯片在 10 s 内停止并保持静止不动。确保开关扳机和开关扳机锁能自由移动，并且复位弹簧工作正常。

（6）湿切法切割结束，用水冲洗清洁切割锯。

（7）当电机停止后，切割锯片将继续旋转一段时间。确保切割锯片可以自如地转动，直到其完全停下来。

（8）如果对切割锯使用过大的力，锯片会变得过热、弯曲并引起切割锯振动。

3.22 电动破拆装备：高频电动环锯（K 7000 Ring 型）

◎ 外观及结构：如图 3-51、图 3-52 所示。

图 3-51 K 7000 Ring 高频电动环锯

◎ 基本功能：由高频电机驱动，使用金刚石锯片，可对钢筋混凝土、砌体和石料进行切割。

◎ 主要技术参数：见表 3-28。

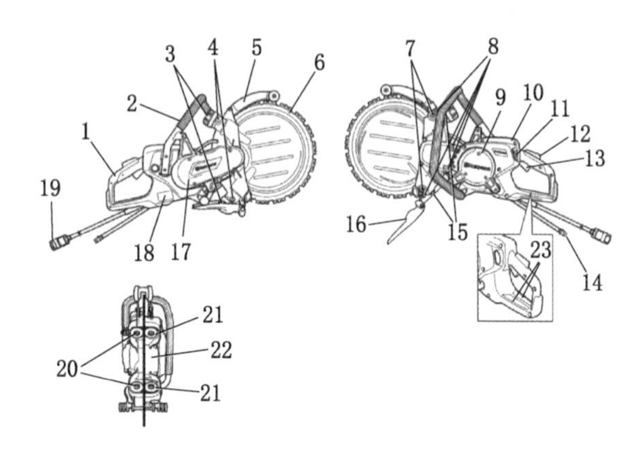

1—后手柄；2—前手柄；3—导辊调节装置；4—油嘴；
5—锯片防护罩；6—金刚石锯片；7—调整螺丝；
8—支撑辊盖的螺丝；9—检查罩；10—显示屏；
11—水阀；12—开关扳机锁；13—开关扳机；
14—进水接头；15—支撑辊臂的锁紧螺母；16—防喷护罩；
17—皮带保护罩；18—标牌；19—动力单元接头；
20—导辊；21—支撑辊；22—驱动轮；
23—信息和警告标识

图 3-52　K 7000 Ring 高频电动环锯结构图

表 3-28 主要技术参数

型号	K 7000 Ring
电机最大输出功率，三相运行/kW	5.5
电机最大输出功率，单相运行/kW	3
额定电流，三相/A	16
额定电流，单相/A	10
频率，三相/Hz	60
频率，单相/Hz	50
电压，三相/V	200~480
电压，单相/V	220~240
最高输出轴转速/($r \cdot min^{-1}$)	8800
切割锯片直径/mm	425
最大切割深度/mm	325
最低水流量/($L \cdot min^{-1}$)	4
声能等级/dB（A）	111
声压等级/dB（A）	110
左震动值/($m \cdot s^{-2}$)	2.7
右震动值/($m \cdot s^{-2}$)	1.9
质量（不含锯片和电缆）/kg	12.4
总长度/mm	472

操作步骤：

(1) 连接高频动力站和水管。

(2) 按下开关扳机锁打开水阀，握住开关扳机，用拇指调整水流量，空载运行至少 30 s。

（3）作业结束后，松开开关扳机以停止电机运转，或按下动力站上的停机按钮。

注意事项：

（1）安装新锯片时要更换驱动轮。

（2）如果锯片转速慢或者停止，立即停止切割并检修故障。

（3）应及时检查并确保切割锯片上无裂纹或损坏，在检查并安装切割锯片后以最高空载转速让环锯运行 1 min。

（4）湿切法切割用金刚石锯片必须始终与水配合使用。

（5）湿切法切割结束，用水冲洗清洁环锯。

（6）确保在开关扳机锁松开时开关扳机锁止在怠速位置。松开开关扳机，确保切割锯片在 10 s 内停止并保持静止不动。确保开关扳机和开关扳机锁能自由移动，并且复位弹簧工作正常。

（7）如果对环锯使用过大的力，环锯片会变得过热、弯曲并引起环锯振动。

3.23 电动破拆装备：高频电动混凝土链锯（K 7000 Chain 型）

外观及结构：如图 3-53、图 3-54 所示。

图 3-53　K 7000 Chain 高频电动混凝土链锯

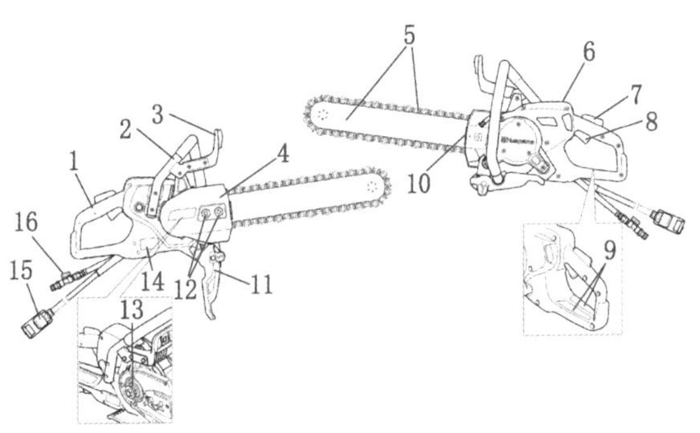

1—后手柄；2—前手柄；3—护手板；4—变速器盖；
5—导板和金刚石链锯；6—显示屏；7—开关扳机锁；
8—开关扳机；9—信息和警告标识；10—金刚石锯链张紧器；
11—防喷护罩；12—导板螺母；13—键槽；14—标牌；
15—动力单元接头；16—带水阀的进水接头

图 3-54　K 7000 Chain 高频电动混凝土链锯结构图

◎ 基本功能：由高频电机驱动，使用金刚石链条，可对混凝土、砌体和石料进行切割。

◎ 主要技术参数：见表3-29。

表3-29 主要技术参数

型号	K 7000 Chain
电机最大输出功率，三相运行/kW	5.5
电机最大输出功率，单相运行/kW	3
额定电流，三相/A	16
额定电流，单相/A	10
频率，三相/Hz	60
频率，单相/Hz	50
电压，三相/V	200~480
电压，单相/V	220~240
最高输出轴转速/($r \cdot min^{-1}$)	8800
最大切割深度/mm	450
最低水流量/($L \cdot min^{-1}$)	4.5
声能等级/dB（A）	112
声压等级/dB（A）	110
左震动值/($m \cdot s^{-2}$)	2.7
右震动值/($m \cdot s^{-2}$)	2.1
质量（不含锯片和电缆）/kg	9.1
总长度/mm	378

◎ 操作步骤：

（1）连接高频动力站和水管。

（2）按下开关扳机锁，打开水阀，握住开关扳机。

（3）作业结束后，松开开关扳机以停止电机运转，或按下动力站上的停机按钮。

◎ 注意事项：

（1）确保金刚石锯链没有裂缝或其他损坏。

（2）将钢筋与尽可能多的混凝土一起切割，这可减少金刚石锯链的磨损。

（3）湿切法切割用金刚石链条必须始终与水配合使用。

（4）湿切法切割结束，用水冲洗清洁链条。

（5）确保在开关扳机锁松开时开关扳机锁止在怠速位置。松开开关扳机，确保锯链在 10 s 内停止并保持静止不动。确保开关扳机和开关扳机锁能自由移动，并且复位弹簧工作正常。

3.24 电动破拆装备：电动液压剪切钳（CCU 10 型）

◎ 外观及结构：如图 3-55、图 3-56 所示。

◎ 基本功能：由电池驱动的液压系统提供动力，对物体进行剪切。

◎ 主要技术参数：见表 3-30。

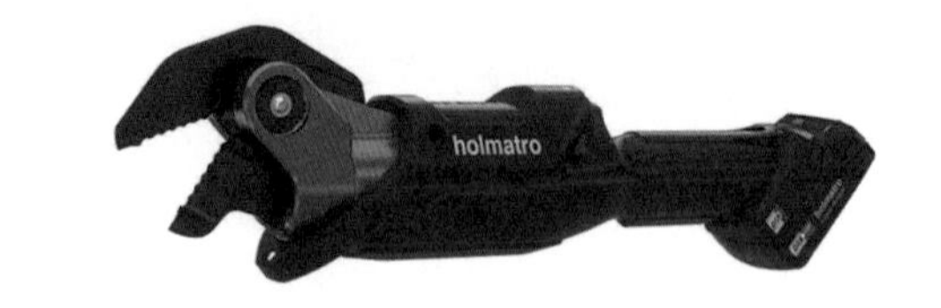

图 3-55　CCU 10 电动液压剪切钳

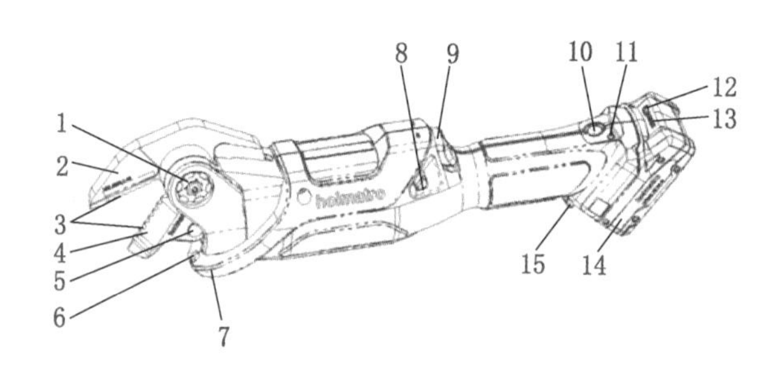

1—中心螺母和锁定环；2—固定刀片；3—刀刃；
4—活动刀片；5—铰链销；6—LED；7—保护套；
8—控制滑板；9—紧急制动按钮/速度按钮；10—on/off 开关；
11—状态 LED；12—充电状态按钮；13—充电状态指示灯；
14—电池组；15—电池组锁

图 3-56　CCU 10 电动液压剪切钳结构图

表 3-30 主要技术参数

型号	CCU 10
最大工作压力/bar	720
最大剪切开口/mm	59
保护等级	IP54
理论切割力/kN	220
剪切性能（圆钢）/mm	22
质量/kg	4.9
不含电池质量/kg	4.5
尺寸（长度×宽度×高度）/(mm×mm×mm)	554×154×92

◎ 操作步骤：

(1) 装配电池。

(2) 操作 on/off 开关启动剪切钳。

(3) 放置剪切钳，使剪切钳与被剪切物体垂直。

(4) 操作控制滑板上的“← →”(打开) 或“→ ←”(收回) 选择方向。

(5) 操作紧急制动按钮，启动刀片进行剪切，释放紧急制动按钮，刀片立即停止移动。

(6) 使用完毕后，操作 on/off 开关停止剪切钳。

◎ 注意事项：

(1) 刀片关闭的速度相对较快，遇到阻力后可聚焦压力进行剪切。

（2）将要剪切的物体放置在剪切开口尽可能深的位置。

（3）当控制滑板处于中间位置时，刀片不会移动。

（4）请勿完全闭合剪切钳，使工具存放时不存在压力。

（5）如果刀片位置不正或脱离，请立即停止操作。

（6）电池电量用完后，及时用专用充电器对电池进行充电。

（7）由于电池具备过度充电保护功能，因此可长时间与充电器保持连接。

3.25 电动破拆装备：滑动式切割锯（KS 120 REB 型）

◎ 外观：如图 3-57 所示。

图 3-57 KS 120 REB 滑动式切割锯

◎ 基本功能：由发电机或市电为电机供电驱动，配有双滚珠轴承的双轨导引，实现高精确度，用于锯切木材、塑料、铝合金型材和类似材料。

◎ 主要技术参数：见表3-31。

表3-31 主要技术参数

型号	KS 120 REB
功率/W	1600
空载转速/($r \cdot min^{-1}$)	1400~3600
锯片直径/mm	260
90°/90°切割深度/(mm×mm)	305×88
45°/90°切割深度/(mm×mm)	215×88
90°/90°特殊切割深度/(mm×mm)	60×120
45°/90°边缘型材斜角切割/mm	168
水平斜角	左50°~右60°
声能等级/dB（A）	101
声压等级/dB（A）	88
工作高度/mm	900
质量（不含配件）/kg	24.3

◎ 操作步骤：

(1) 按压接通/关闭开关直到感受到阻力，解锁锯机和摆动防护罩。

（2）按压开机锁止装置。

（3）将接通/关闭开关完全按到底，接通设备。

（4）作业结束后，重新松开接通/关闭开关。

◎ 注意事项：

（1）在进行装备设置、更换工具配件或暂时不使用时，请将插头从插座中拔出。

（2）在夹紧工件或在卡住锯片时，请关闭切割锯。请一直等到所有活动部件静止，再拔出电源插头，然后取出卡住的材料。

3.26 电动破拆装备：充电式切割带锯（M18 CBS125-0C0 型）

◎ 外观：如图 3-58 所示。

图 3-58 M18 CBS125-0C0 充电式切割带锯

◎ 基本功能：由电池供电驱动，用于直线锯割钢筋、管道、建筑铁架、电缆管、铝型材、铁片等。

◎ 主要技术参数：见表 3-32。

表 3-32 主要技术参数

型号	M18 CBS125-0C0
电压/V	18
电池类型	红锂电池
空载转速/$(r \cdot min^{-1})$	0～116
锯片尺寸（长度×宽度×厚度）/(mm×mm×mm)	1139. 8×12. 7×0. 5
最大切割能力（长方形的型材）/(mm×mm)	125×125
最大切割能力（管子）/mm	直径 125
质量（不含电池）/kg	6. 6

◎ 注意事项：

（1）严禁加工危害健康的材料（石棉等）。

（2）切割时锯片被卡住，请及时关闭切割带锯，等待切割带锯完全停止后再从被切割物体中拔出刀片，不要重新接通切割带锯。

3. 27 电动破拆装备：充电式金属圆锯

3. 27. 1 充电式金属圆锯（M18 FMCS66-0B0 型）

◎ 外观：如图 3-59 所示。

◎ 基本功能：由电池供电驱动，用于纵向或斜切金属型材、管道、金属螺柱、通道、铝型材、金属片等。

图 3-59 M18 FMCS66-0B0 充电式金属圆锯

◎ 主要技术参数：见表 3-33。

表 3-33 主要技术参数

型号	M18 FMCS66-0B0
电压/V	18
电池类型	红锂电池
空载转速/($r \cdot min^{-1}$)	0~4000
锯片直径/mm	203
最大切割深度/mm	66
最大切割能力（钢板)/mm	25
最大切割能力（角铁)/(mm×mm×mm)	63.5×63.5×63.5
最大切割能力（金属管)/mm	直径 50
最大切割能力（型材)/mm	66
最大切割能力（钢钉)/mm	2.5
质量（不含电池)/kg	6

◎ 注意事项：

（1）电机过载时，过载保护器会自动关闭圆锯。

（2）当使用钝刀片切割、过快地切割、切割坚硬金属（例如不锈钢）时，圆锯可能会过载。

（3）适当调整切割速度，以避免刀片尖端过热。

（4）安装或拆卸锯片前，确定已中断圆锯跟电源的连接。

3.27.2 充电式金属圆锯（M18 FMCS-0X 型）

◎ 外观：如图 3-60 所示。

图 3-60 M18 FMCS-0X 充电式金属圆锯

◎ 基本功能：由电池供电驱动，用于纵向或斜切金属型材、管道、金属螺柱、通道、铝型材、金属片等。

◎ 主要技术参数：见表 3-34。

表 3-34 主要技术参数

型号	M18 FMCS-0X
电压/V	18
电池类型	红锂电池
空载转速/($r \cdot min^{-1}$)	0~3900
锯片直径/mm	150
最大切割能力（金属管)/mm	直径 57
最大切割能力（钢材)/mm	6.5
质量（不含电池)/kg	2.25

◎ 注意事项：

(1) 电机过载时，过载保护器会自动关闭圆锯。

(2) 当使用钝刀片切割、过快地切割、切割坚硬金属（例如不锈钢）时，圆锯可能会过载。

(3) 适当调整切割速度，以避免刀片尖端过热。

(4) 安装或拆卸锯片前，确定已中断圆锯跟电源的连接。

3.28 电动破拆装备：充电式电镐（MXF DH2528H-0G0 型）

◎ 外观：如图 3-61 所示。

◎ 基本功能：由电池供电驱动，可对钢筋混凝土、沥青和砖石等进行破碎。

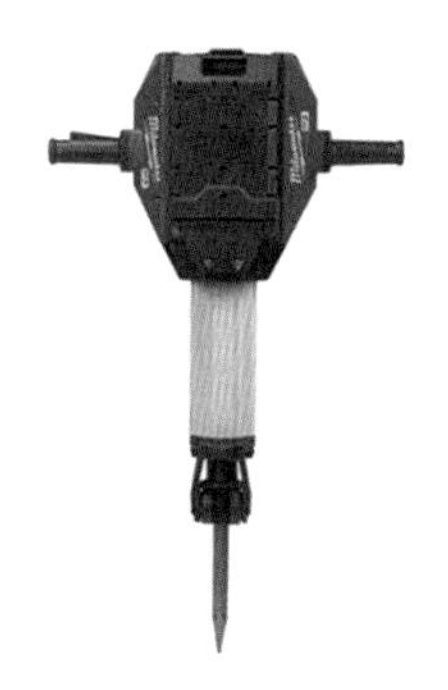

图 3-61 MXF DH2528H-0G0 充电式电镐

» 主要技术参数：见表 3-35。

表 3-35 主要技术参数

型号	MXF DH2528H-0G0
电池容量/(A·h)	6
电池类型	红锂电池
冲击能量/J	64
冲击率/(次·min^{-1})	1300
激活开关	有
振动/(m·s^{-2})	5.17
尺寸（长度×宽度×高度)/(mm×mm×mm)	818×638×295
质量（不含电池)/kg	24.8

◎ 注意事项：

（1）电机过载时，过载保护器会自动关闭电镐。

（2）如果电镐在破碎物体时停止工作，请勿重启电镐，可能会产生较大的反作用力。

（3）当维修指示灯亮起时，请在电镐中加注润滑油脂，重置维修指示灯。

（4）安装或拆卸凿头前，确定已中断电镐与电源的连接。

3.29 气动破拆装备：风镐（B18E/A8/MH3 型）

◎ 外观：如图 3-62 至图 3-64 所示。

图 3-62 B18E 风镐　图 3-63 A8 风镐　图 3-64 MH3 风镐

◎ 基本功能：通过压缩空气驱动，对钢筋混凝土和岩石等进行破碎。

◎ 主要技术参数：见表 3-36。

表 3-36 主要技术参数

型号	B18E	A8	MH3
最大工作压力/bar	6	6	6
活塞直径/mm	38	33	20
活塞冲程/mm	152	130	44
冲击能量/J	50	34	4
冲击频率/(次 · min^{-1})	1308	1692	3768
空气消耗量/(m^3 · min^{-1})	1.608	1.218	0.672
气管连接螺纹/in	圆柱管 3/4	外圆锥 3/4	外圆锥 3/4
噪声等级/dB (A)	106	105	100
质量/kg	20.1	10.6	3.3
总长度/mm	593	503	270

◈ 操作步骤：

(1) 插入镐钎。

(2) 连接空气软管和空气压缩机，拧紧所有的螺纹连接件。

(3) 启动空气压缩机，按压触发开关来进行作业。

(4) 作业结束后，关闭空气压缩机，排空空气软管内空气，断开空气软管与风镐的连接。

◈ 注意事项：

(1) 在更换任何部件之前，一定要先断开与风镐相连的空气软管接头。

（2）切勿通过抓住空气软管来提起风镐。

（3）在空气软管连接风镐前严禁将压缩空气充入空气软管。

（4）在插入镐钎之前，严禁开启风镐。

（5）风镐启动之前，保持风镐按在被破碎的物质上。

（6）风镐启动之前，以及每使用 1 h 之后，一定要对风镐进行润滑。

3.30 气动破拆装备：凿岩机（BH16/BH5 型）

◎ 外观：如图 3-65、图 3-66 所示。

图 3-65 BH16 凿岩机　　图 3-66 BH5 凿岩机

◎ 基本功能：通过压缩空气驱动，对钢筋混凝土和岩石等钻孔。

◎ 主要技术参数：见表 3-37。

表3-37 主要技术参数

型号	BH16	BH5
最大工作压力/bar	5	5
活塞直径/mm	62	38
活塞冲程/mm	52	32
冲击能量/J	25	6
冲击频率/(次·min^{-1})	40.7	70
空气消耗量/(m^3·min^{-1})	1.872	0.552
气管连接螺纹/圆柱管/in	3/4	3/4
噪声等级/dB（A）	111	106
质量/kg	18.9	5
总长度/mm	505	405

操作步骤：

（1）插入镐钎。

（2）连接空气软管和空气压缩机，拧紧所有的螺纹连接件。

（3）启动空气压缩机，按压触发开关来进行作业。

（4）作业结束后，关闭空气压缩机，排空空气软管内空气，断开空气软管与凿岩机的连接。

◎ 注意事项：

（1）在更换任何部件之前，一定要先断开与凿岩机相连的空气软管接头。

（2）切勿通过抓住空气软管来提起凿岩机。

（3）在空气软管连接凿岩机前，严禁将压缩空气充入空气软管。

（4）在插入镐钎之前，严禁开启凿岩机。

（5）凿岩机启动之前，保持凿岩机置于被破碎的物质上。

（6）凿岩机启动之前，以及每使用 1 h 之后，一定要对凿岩机进行润滑。

（7）只有在止动锁扣处于闭合状态时，凿岩机才可以开始钻孔工作。

3.31 手动破拆装备：组合撬棍（PRT 型）

◎ 外观：如图 3-67 所示。

◎ 基本功能：通过手动操作冲撞杆，将所有力都直接作用在冲击点上，进行凿破、切割等。

◎ 主要技术参数：见表 3-38。

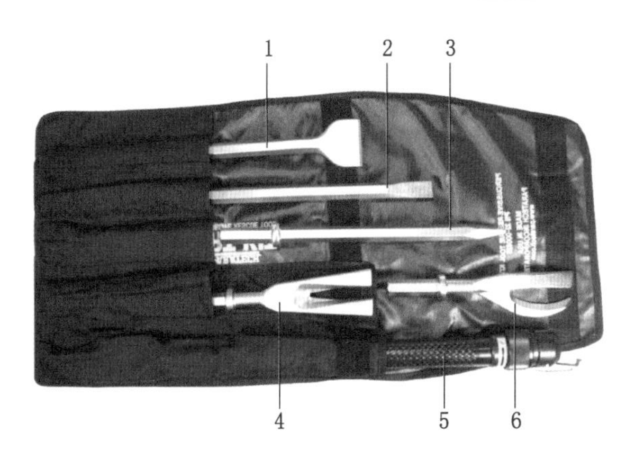

1—3 in 宽錾刀；2—1 in 宽錾刀；3—公牛尖；
4—破碎爪；5—PRT 杆；6—切割爪

图 3-67 PRT 组合撬棍

表 3-38 主要技术参数

型号	PRT
手动撞击杆 PRT 长度/mm	676~998
手动撞击杆 PRT 撞击行程/mm	323
公牛尖长度/mm	457
3 in 宽錾刀长度/mm	457

表 3-38（续）

1 in 宽錾刀长度/mm	457
破碎爪长度/mm	318
切割刀长度/mm	312
质量/kg	13.2

◎ 操作步骤：

（1）展开 PRT 便携袋，选择最适合作业的刀头。

（2）锁定撞击杆和手柄。

（3）将刀头的工具柄末端插入工具头夹持器。

（4）旋转工具头夹持器，固定工具刀头。

（5）把刀头对准要破拆的物体表面。

（6）扭转撞击锁环，打开 PRT 的撞击杆和手柄进行操作。

◎ 注意事项：在更换工具头之前，始终确保手柄和 PRT 的撞击锤锁夹头被锁扣锁住。

3.32 手动破拆装备：个人组合工具（SOS 型）

◎ 外观：如图 3-68 所示。

◎ 基本功能：该组合工具可分别组合成不同的手动工具，包括锹、斧子、起钉器、木锯。

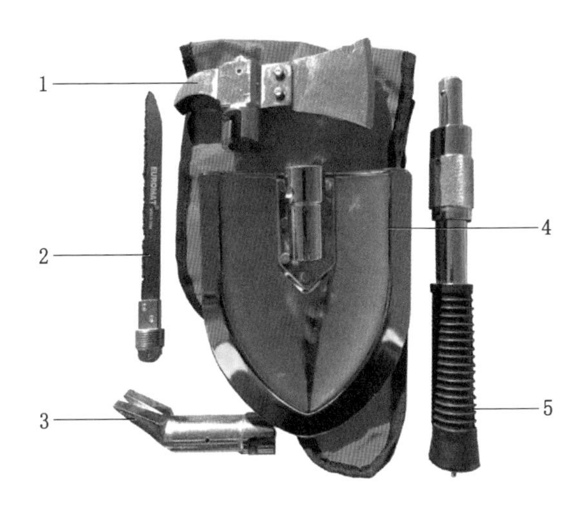

1—斧子；2—木锯；3—起钉器；4—锹；5—手柄

图 3-68 SOS 个人组合工具

3.33 液压顶撑装备：双向液压顶杆（RA 5332/RA 5322 型）

◎ 外观：如图 3-69、图 3-70 所示。

◎ 基本功能：由液压泵提供动力，可对物体进行扩张和牵引。

◎ 主要技术参数：见表 3-39。

图 3-69　RA 5332 双向液压顶杆

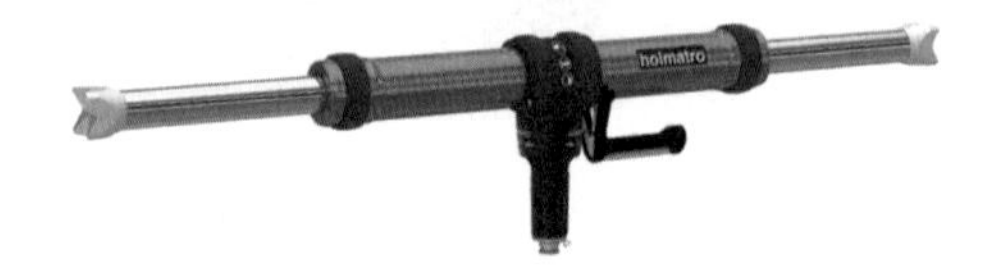

图 3-70　RA 5322 双向液压顶杆

表 3-39　主要技术参数

型号	RA 5332	RA 5322
接头类型	CORE	CORE
最大工作压力/bar	720	720
整个行程的扩张力/kN	150	150
扩张/牵引行程/mm	680	500
收缩长度/mm	950	750
伸出长度/mm	1630	1250
整个行程的牵引力/kN	28	28
活塞数量/个	2	2
所需含油量/mL	1130	831
质量/kg	19. 3	15. 8
尺寸（长度×宽度×高度）/（mm×mm×mm）	280×105×950	280×105×750

◎ 操作步骤：

（1）连接液压泵、液压胶管、液压顶杆。

（2）启动液压泵。

（3）操作控制把手“← →”（打开）或“→ ←”（收回）进行作业。

（4）牵引时，将顶杆完全打开，更换拉伸承板，连接牵引链，固定被牵引物体，收回顶杆，进行牵引。

（5）使用完毕后，闭合顶杆，关闭液压泵，断开液压胶管与顶杆、液压泵的连接。

◎ 注意事项：

（1）如果顶杆正在使用中或液压系统正处于压力状态下，禁止断开顶杆连接。

（2）切勿让尖锐物体划伤液压柱塞。

（3）柱塞打开或收回的速度相对较快，遇到阻力变慢。

（4）禁止同时使用多个延长管，务必在延长管的另一端使用夹头或其他配件。

（5）确保夹头或其他配件已正确安装在柱塞的末端和固定端。

（6）牵引配件仅仅用于负载的水平运动，不得进行吊装。

（7）确保顶杆在牵引中自由移动，并始终在两个拉伸承板之间保持直线。

（8）收回柱塞，将其张开 5 mm，使工具存放时不存在压力。

3.34 液压顶撑装备：双级液压顶杆

3.34.1 双极液压顶杆（TR 5350 LP/TR 5340 LP 型）

◎ 外观及结构：如图 3-71 至图 3-73 所示。

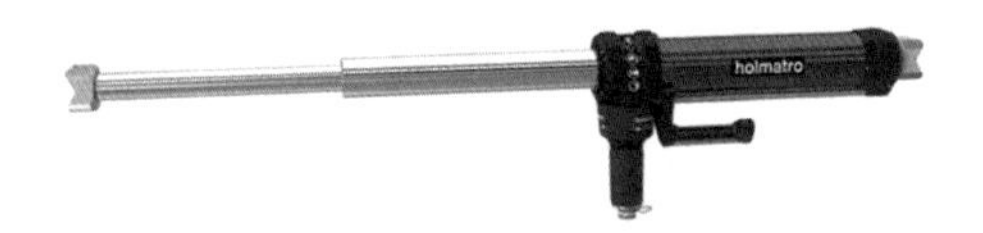

图 3-71 TR 5350 LP 双级液压顶杆

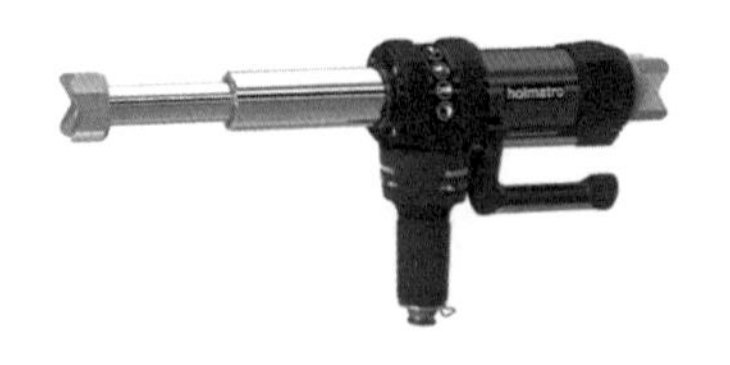

图 3-72 TR 5340 LP 双级液压顶杆

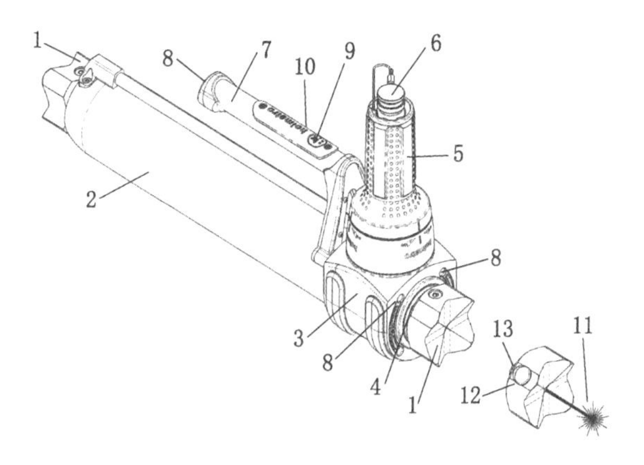

1—夹头；2—气缸；3—伸缩式撞锤；4—柱塞；5—紧急制动把手；6—CORE 快速接头（凸形）；7—便携把手；8—LED 灯；9—照明灯开关；10—LED 灯电池；11—激光束；12—激光开关；13—激光束电池

图 3-73 TR 5350 LP/TR 5340 LP 双级液压顶杆

◎ 基本功能：由液压泵提供动力，可对物体进行扩张。

◎ 主要技术参数：见表 3-40。

表 3-40　主要技术参数

型号	TR 5350 LP	TR 5340 LP
接头类型	CORE	CORE
最大工作压力/bar	720	720
最大第一活塞的扩张力/kN	217	217
最大第二活塞的扩张力/kN	101	101
第一活塞的扩张行程/mm	375	150
第二活塞的扩张行程/mm	350	125
总扩张行程/mm	725	275
收缩长度/mm	560	335
伸出长度/mm	1285	610
活塞数量/个	2	2
所需含油量/mL	1354	525
质量/kg	14. 6	9. 2
尺寸（长度×宽度×高度）/（mm×mm×mm）	280×109×560	280×109×335

◎ 操作步骤：

（1）连接液压泵、液压胶管、液压顶杆。

（2）启动液压泵。

（3）操作控制把手“← →”（打开）或“→ ←”（收回）进行作业。

（4）使用完毕后，闭合顶杆，关闭液压泵，断开液压胶管与顶杆、液压泵的连接。

◎ 注意事项：

（1）如果顶杆正在使用中或液压系统正处于压力状态下，禁止断开顶杆连接。

（2）切勿让尖锐物体划伤液压柱塞。

（3）柱塞打开或收回的速度相对较快，遇到阻力变慢。

（4）禁止同时使用多个延长管，务必在延长管的另一端使用夹头或其他配件。

（5）确保夹头或其他配件已正确安装在柱塞的末端和固定端。

（6）收回柱塞，将其张开 5 mm，使工具存放时不存在压力。

3.34.2 电动双级液压顶杆（PTR50 型）

◎ 外观及结构：如图 3-74、图 3-75 所示。

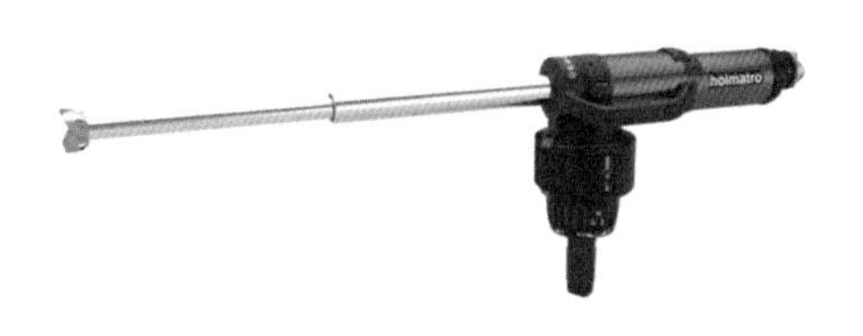

图 3-74 PTR50 电动双级液压顶杆

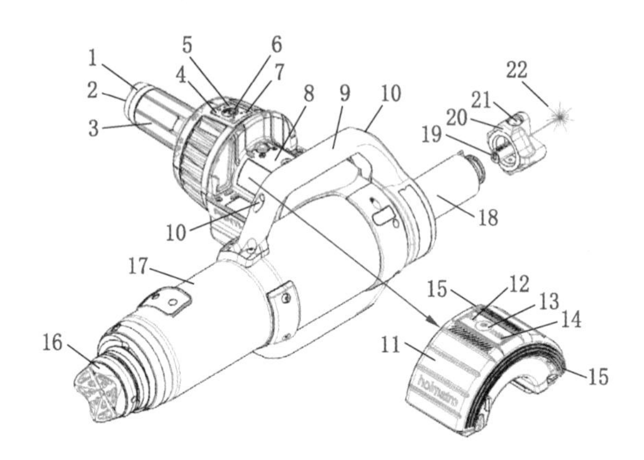

1—防尘盖；2—内置充电连接器；3—紧急制动把手；
4—工具温度指示灯；5—维修指示灯；6—LED 开关和
工具模式；7—工具模式指示灯；8—电池组装置/适配器装置；
9—便携把手；10—LED；11—电池组；12—电池温度指示灯；
13—开关；14—充电状态指示灯；15—电池组锁；
16—夹头（底座侧）；17—气缸；18—柱塞；19—激光笔电池；
20—带激光笔的夹头；21—激光笔灯光的开关；22—激光束

图 3-75　PTR50 电动双级液压顶杆结构图

◈ 基本功能：由电池驱动的液压系统提供动力，可对物体进行扩张。

◈ 主要技术参数：见表 3-41。

表3-41 主要技术参数

型号	PTR50
最大工作压力/bar	540
最大第一活塞的扩张力/kN	136
最大第二活塞的扩张力/kN	65
第一活塞的扩张行程/mm	405
第二活塞的扩张行程/mm	382
总扩张行程/mm	787
收缩长度/mm	578
伸出长度/mm	1365
保护等级	IP57
活塞数量/个	2
质量/kg	20.6
不含电池质量/kg	19.1
尺寸（长度×宽度×高度）/（mm×mm×mm）	578×256×443

操作步骤：

（1）装配电池。

（2）按下电池上开机键开机。

（3）操作控制把手“← →”（打开）或“→ ←”（收

回）进行作业。

（4）使用完毕后，闭合顶杆，按下电池上开机键，进行关机。

◎ 注意事项：

（1）顶杆 10 min 不使用时，电池组将停用，按下开机键再次启用。

（2）泵将在最大压力下停止工作以节省电源。

（3）柱塞打开或收回的速度相对较快，遇到阻力变慢。

（4）切勿让尖锐物体划伤液压柱塞。

（5）禁止同时使用多个延长管，务必在延长管的另一端使用夹头或其他配件。

（6）确保夹头或其他配件已正确安装在柱塞的末端和固定端。

（7）收回柱塞，将其张开 5 mm，使工具存放时不存在压力。

（8）电池电量用完后，及时用专用充电器对电池进行充电。

（9）由于电池具备过度充电保护功能，因此可长时间与充电器保持连接。

（10）除使用电池以外，也可通过专用电源连接器连接到电源。

3.35 液压顶撑装备：液压千斤顶（HLJ 50 A 10/HLJ 50 A 6 型）

◎ 外观：如图 3-76、图 3-77 所示。

图 3-76 HLJ 50 A 10 液压千斤顶

图 3-77 HLJ 50 A 6 液压千斤顶

◎ 基本功能：由手动液压泵提供动力，用于顶升或推动重物，尤其适合在坍塌建筑的狭窄空间内使用。

◎ 主要技术参数：见表 3-42。

表 3-42 主要技术参数

型号	HLJ 50 A 10	HLJ 50 A 6
最大工作压力/bar	720	720
本体高度/mm	196	150
顶升行程/mm	104	61

表 3-42（续）

最大顶升能力/kN	510	510
质量/kg	8.7	7
尺寸（长度×宽度×高度）/（mm×mm×mm）	279×214×196	279×214×150

操作步骤：

（1）连接手动液压泵、液压胶管、液压千斤顶。

（2）将液压千斤顶置于作业面上，确保手动液压泵泄压阀关闭，操作手动液压泵使液压千斤顶柱塞伸出。

（3）使用完毕后，打开泄压阀，千斤顶柱塞收回，断开液压胶管与千斤顶、手动液压泵的连接。

注意事项：

（1）如果千斤顶正在使用中或液压系统正处于压力状态下，禁止断开千斤顶连接。

（2）如果柱塞回位速度减慢，通过千斤顶中的 6 bar 空气压力使柱塞复位。在柱塞处于完全收回位置时，重新给千斤顶填充不超过 6 bar 的空气。

（3）如果千斤顶中存有空气，将千斤顶正面朝下放置，活塞面朝下，千斤顶的位置要低于手动泵，让活塞伸展并收回 2~3 次。

（4）切勿将柱塞完全收回气缸，确保其始终伸展至少 5 mm。

（5）注意被顶升重物的状态，确保逐步顶升。

3.36 液压顶撑装备：趾型千斤顶（TJ 3610 型）

◎ 外观：如图 3-78 所示。

图 3-78 TJ 3610 趾型千斤顶

◎ 基本功能：由手动液压泵提供液压流量和压力，可以置于重物侧面，用于顶升重物。

◎ 主要技术参数：见表 3-43。

表 3-43 主要技术参数

型号	TJ 3610
最大工作压力/bar	720
本体高度/mm	448
最大顶升高度/mm	250

表 3-43（续）

最大鞍座顶升高度/mm	698
最小趾部插入高度/mm	56
最大趾部顶升高度/mm	306
最大鞍座顶升能力/kN	118
最大趾部顶升能力/kN	98
所需含油量/mL	415
质量/kg	20. 5
尺寸（长度×宽度×高度）/(mm×mm×mm)	245×160×448

» 操作步骤：

（1）连接手动液压泵、液压胶管、趾型千斤顶。

（2）将趾型千斤顶置于作业面上，确保手动液压泵泄压阀关闭，操作手动液压泵使趾型千斤顶柱塞伸出。

（3）使用完毕后，打开泄压阀，千斤顶柱塞收回，断开液压胶管与趾型千斤顶、手动液压泵的连接。

» 注意事项：

（1）如果千斤顶正在使用中或液压系统正处于压力状态下，禁止断开千斤顶连接。

（2）如果千斤顶中存有空气，将千斤顶正面朝下放置，活塞面朝下，千斤顶的位置要低于手动泵，让活塞伸展并收回 2~3 次。

（3）注意被顶升重物的状态，确保逐步顶升。

3.37 液压顶撑装备：开缝器（PW 5624 型）

◎ 外观及结构：如图 3-79、图 3-80 所示。

图 3-79 PW 5624 开缝器

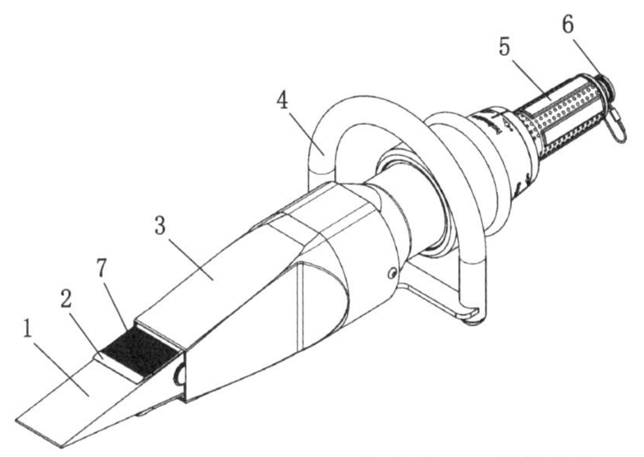

1—楔形件；2—楔形刀具；3—保护盖；4—便携把手；
5—紧急制动把手；6—CORE 快速接头；7—夹紧面

图 3-80 PW 5624 开缝器结构图

◎ 基本功能：由液压泵提供动力，可在极低高度的空间进行顶升创造空间，为打开救援通道提供帮助。

◎ 主要技术参数：见表 3-44。

表 3-44　主要技术参数

型号	PW 5624
最大工作压力/bar	720
最小插入空间/mm	6
最大顶升高度/mm	51
楔角/(°)	15
最大扩张力/kN	235
所需含油量/mL	122
质量/kg	9.2
尺寸（长度×宽度×高度）/(mm×mm×mm)	648×225×188

◎ 操作步骤：

（1）连接液压泵、液压胶管、开缝器。

（2）将楔形刀具放在要扩张的物体之间，操作控制把手“← →”(打开）或“→ ←”(收回）进行作业。

（3）使用完毕后，将楔形刀具完全收回，关闭液压泵，断开液压胶管与开缝器、液压泵的连接。

◎ 注意事项：

（1）如果开缝器正在使用中或液压系统正处于压力

状态下，禁止断开开缝器连接。

（2）确保楔形刀片与被顶升重物最大面积接触。

（3）确保被顶升重物始终处于楔形刀具的夹持面上。

3.38 液压顶撑装备：液压支撑系统（HLHS1型）

◎ 外观：如图3-81所示。

图3-81 HLHS1液压支撑系统

◎ 基本功能：由手动液压泵提供动力，通过液压撑杆对建（构）筑物和车辆进行支撑。

◎ 主要技术参数：见表3-45。

表 3-45　主要技术参数

部件名称	图示	型号	数量	性　　能	质量/kg
液压撑杆		H20	2 根	最大工作压力：720 bar 总扩张行程：540 mm 机械行程：270 mm 液压行程：270 mm 收缩长度：613 mm 伸出长度：1153 mm 工作压力下的作用力：100 kN	11.4
摇摆底座 D 环		BPL11A	2 个	用于支撑倾斜或倾斜的表面，最大角度为 50°；带 D 环，可固定绞盘带、链条或绳索	5.2
多功能支撑头		HPL140	2 个	用作撑杆头适配器以及链条适配器的基座	1.8

表 3-45（续）

部件名称	图示	型号	数量	性　　能	质量/kg
链条适配器		HPL110	2 个	用于车辆起重	2
手动泵		PA 09 H 2 S 12	2 个	最大工作压力：720 bar 级数：2 油箱容量：900 mL	8. 9
链条		CWH60	1 条	用于举起重型车辆，长度：6 m	13. 8
手动扣带		RBL80	3 条	用于将撑杆固定在基座上，长度：8 m	3

3.39 气动顶撑装备：起重气垫（HLB 1~HLB 67 型）

◎ 外观及结构：如图 3-82、图 3-83 所示。

图 3-82　HLB 起重气垫

图 3-83　气垫控制套装

◎ 基本功能与设备构成：通过气瓶、减压器、控制器、空气软管和封闭软管与气垫连接，将气瓶中的压缩空气充入气垫，实现对重物进行顶升。

◎ 主要技术参数：见表 3-46。

表 3-46　主要技术参数

型号	HLB 1	HLB 5	HLB 10	HLB 20	HLB 24	HLB 32	HLB 40	HLB 67
额定工作压力/bar	8	8	8	8	8	8	8	8
最大工作压力/bar	12	12	12	12	12	12	12	12
最大顶升能力/kN	10	50	100	200	240	320	392	670
最大充气高度/mm	80	150	215	290	215	380	405	520
厚度/mm	22	22	25	25	25	25	25	25
尺寸（长度×宽度）/（mm×mm）	150×150	270×270	380×380	508×508	310×1000	658×658	708×708	908×908
质量/kg	0. 6	2	3. 8	6. 7	9. 5	13	15. 1	23. 5

◎ 操作步骤：

（1）检查气垫、控制器、减压表、空气软管和封闭软管是否完好。

（2）依次将气瓶、减压表、控制器、空气软管、封闭软管和气垫连接在一起。

（3）检查减压表控制阀是否关闭，逆时针打开气瓶，通过控制阀将减压表右侧压力表设置为 8 bar，通过控制器对气垫进行充气和放气，观察气垫和被支撑物体的受力情况和气垫的顶升高度。

（4）作业结束后，顺时针关闭气瓶，通过控制器释放气垫、空气软管和控制器内的空气，断开所有连接。

◎ 注意事项：

（1）请勿堆叠两个以上的气垫。

（2）如果使用了两个不同的气垫，始终将最大的气垫放置在底侧。

（3）始终使用支撑装备支撑重物。

（4）达到足够的压力和顶升能力时重物会移动，随着气垫进一步充气膨胀，其有效受力表面积减小，从而导致顶升能力下降。

（5）如遇尖锐物体或物体存在突起部位，要对气垫做好保护措施。

3.40 气动顶撑装备：气动支撑系统（AVS-PS1+STBS1 型）

◎ 外观：如图 3-84 所示。

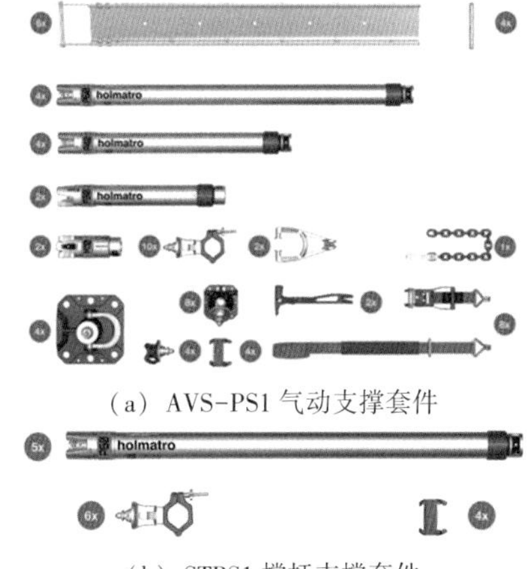

（a）AVS-PS1 气动支撑套件

（b）STBS1 撑杆支撑套件

图 3-84 AVS-PS1+STBS1 气动支撑系统

◎ 基本功能：通过撑杆组合连接可完成多种结构支撑操作和三脚架的搭建。支撑高度范围为 280~5200 mm，三叉连接更为安全便捷，无需精准测试，通过调节撑杆长度即可调整至所需高度，方便快捷。双向撑杆采用无需延长杆的设计，减少受力的损失，锁定装置与力限器的双重锁定功能，确保撑杆即使在外力突变的情况下仍能保持稳定，使用更为安全。

◎ 主要技术参数：见表 3-47。

3.41 移除装备：牵拉器（S35 型）

◎ 外观及结构：如图 3-85、图 3-86 所示。

图 3-85 S35 牵拉器

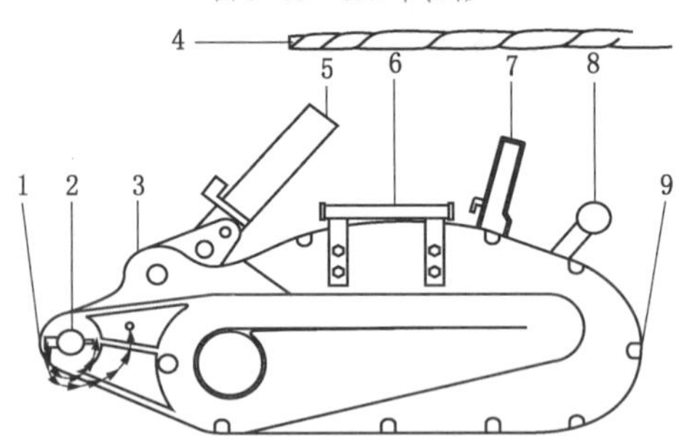

1—钢丝绳出口；2—安全销；3—外壳；4—钢丝绳；
5—操作手柄；6—把手；7—控制手柄（升/降）；
8—钢丝绳安全手柄；9—钢丝绳进口

图 3-86 S35 牵拉器结构图

表 3-47 主要技术参数

部件名称	图示	型号	数量	性　　能	质量/kg
机械撑杆		M10	2 根	总扩张行程：185 mm 收缩长度：285 mm 伸出长度：470 mm	3. 6
气动撑杆		P30	2 根	最大工作压力：12 bar 行程长度：395 mm 收缩长度：760 mm 伸出长度：1155 mm 工作压力下的作用力：6 kN	8. 8
气动撑杆		P40	4 根	最大工作压力：12 bar 行程长度：595 mm 收缩长度：1055 mm 伸出长度：1650 mm 工作压力下的作用力：6 kN	11. 9

表 3-47（续）

部件名称	图示	型号	数量	性　　能	质量/kg
气动撑杆		P60	9 根	最大工作压力：12 bar 行程长度：1030 mm 收缩长度：1620 mm 伸出长度：2650 mm 工作压力下的作用力：6 kN	18
斜撑轨道销		RR150	6 个	用于在更大的表面上分散力量	8. 9
斜撑轨道销		RRP01	4 个	用于将基座连接到斜撑轨道或连接第二根轨道	0. 5
夹具		CLA90	16 个	用于连接撑杆以进行无木撑杆，可在斜撑和方形立柱等支撑结构中增加稳定性并防止移动	2. 1

表 3-47（续）

部件名称	图示	型号	数量	性　　能	质量/kg
摇摆底座 D 环		BPL11A	4 个	用于支撑倾斜或倾斜的表面，最大角度为 50°； 带 D 环，可固定绞盘带、链条或绳索	5.2
旋转底座		BPL10	8 个	用于支撑倾斜的或倾斜的表面的旋转底座； 最大角度为 65°； 带有用于固定底座的钉孔	2.1
多功能支撑头		HPL140	4 个	用作撑杆头适配器以及链条适配器的基座	1.8
链条适配器		HPL110	2 个	用于车辆起重	2

表 3-47（续）

部件名称	图示	型号	数量	性　　能	质量/kg
拉力限制器		PRS90	8 个	可将撑杆转换为支撑杆，将锁紧螺母固定在支柱上，使其能够承受拉力和突发的非预期运动	0.5
支撑锤		RS15	2 个	用于拉紧撑杆、敲打或拔出钉子等	1.3
链条		CWH60	1 条	用于举起重型车辆，长度：6 m	13.8
手动扣带		RBL80	8 条	用于将撑杆固定在基座上，长度：8 m	3

◎ 基本功能与设备构成：用于重物的起吊、缓降和拖拽。由牵拉器、钢丝绳组成。

◎ 主要技术参数：见表 3-48。

表 3-48　主要技术参数

型号	S35
最大起吊质量/kg	3200
最大拖拽质量/kg	5000
最大起吊高度/m	20
钢缆直径/mm	16
整机质量/kg	27
速度/($m \cdot min^{-1}$)	3
钢丝绳断裂强度/kg	15300
尺寸（长度×宽度×高度）/(mm×mm×mm)	720×320×140
工作温度/℃	-20~60

◎ 操作步骤：

(1) 扳动安全手柄打开钢丝绳进口，将钢丝绳一端穿入。

(2) 将钢丝绳从出口处拉出，扳回安全手柄，固定钢丝绳。

(3) 固定牵拉器，并确保牢固。

(4) 通过控制手柄控制升降，通过操作手柄即可进行起吊、缓降和拖拽。

（5）撤收时，扳动安全手柄，取出钢丝绳。

注意事项：

（1）工作时不要拉动挂钩上的弹簧卡销。

（2）切勿使用挂钩的尖端起吊重物。

（3）严禁站立在牵拉器的绳索引导器上，只能着力于固定插销上。

（4）在绳索一端接近机器时（约 0.5 m），停止松解绳索，否则会有撞击的危险。

（5）在绳索尾部进入机器之前，务必放开绳索，否则会有撞击的危险。

3.42 移除装备：救援三脚架

3.42.1 救援三脚架（AM100 型）

外观：如图 3-87 所示。

图 3-87 AM100 三脚架

◎ 基本功能与设备构成：用于对高空和深处坠落或困于有限空间（矿井、水池、烟囱等）的被困人员进行紧急保护救援。带可调节锁腿、安全链、防滑脚。

◎ 主要技术参数：见表3-49。

表3-49 主要技术参数

型号	AM100
工作高度/m	1.35~2.35
工作直径/m	1.54~2.56
质量/kg	17.7
承重能力/kg	500

◎ 操作步骤：

（1）抓住铰接头，将三脚架从包装中取出。拆除捆绑绳，将三脚架搭在地面上。

（2）垂直搭建三脚架，将支架分开，直到完全固定。

（3）正确锁定铰接头时，可听到锁定的声音，并可目测到已锁定，锁定后，插销必定靠近铰接头。

（4）通过松开固定销、拉开伸缩支架并调节到所需的长度，就可对每个支架分别进行高度调节。

（5）伸缩支架上标有刻度，可根据刻度进行高度设定。在倾斜地面上放置时，支架底部的金属圈可固定三脚架。

（6）检查铝制三脚架是否放置在稳固的平面上以及固定点是否正好环绕进入口。注意：确保支架底部和井架边缘保留足够的距离。

（7）将安全进入设备挂到螺丝圈（固定点）上。

（8）撤收时，从螺丝圈（固定点）上拆除安全进入设备，拆除固定销解除伸缩支架，然后使用固定销将支架收至最短。

（9）垂直放置三脚架，将铰接头上的固定销向上拉，将所有支架收拢。将三脚架装入包装袋，便于搬运或存储。

◎ 注意事项：不允许将本设备长期置于可对金属部件造成腐蚀的环境下。

3.42.2 救援三脚架（AZ VORTEX 型）

◎ 外观：如图 3-88 所示。

图 3-88　AZ VORTEX 三脚架

◈ 基本功能与设备构成：适用于山地、桥梁、矿山、受限或密闭空间环境，几乎完全适应任何地形及环境位置，为操作提供安全平台保障。带猛禽脚、平脚、防滑脚。

◈ 主要技术参数：见表3-50。

表3-50　主要技术参数

型号	AZ VORTEX
工作高度/m	2.7~3.7
质量/kg	33
最小断裂强度/kN	36
标准插销强度/kN	80
强壮插销强度/kN	142

◈ 操作步骤：

(1) 在使用之前一定要对每一个器材进行检测，查看有没有缺件少件以及器材损坏和生锈等情况，要确保每一个器材的齐全和状态良好。

(2) 组装时，把救援三脚架的承重头调整到同一个卡口方向，方便观测。两人操作链接延伸管，一人手持头部，一人进行安装，省力且高效。尽可能地把每个链接管的固定插销安排在一个方向，方便检测和随时调整高度。

(3) 把救援三脚架底部的猛禽脚或平脚腿固定整理

好，这些是固定救援三脚架整体稳定性的重要组成部分。

（4）安装锚点滑轮，在确定滑轮与绳索安装稳固之后，救援三脚架组装完毕。

（5）撤收时，先拆解每只脚上的锚固装置并降低高度，将整个系统运出操作区，在运送过程中，安排专人全程负责保护安全绳，确保远离操作区时再拆卸，拆卸时确认是否有损坏再储存。

》注意事项：

（1）始终设立独立于此设备的第二安全绳（保护绳），并确保第二安全绳（保护绳）连接好头部，方可移动使用，第二安全绳（保护绳）在操作过程中保持锁紧状态，避免人员触碰。

（2）该装置上的所有脚都必须牢固地锚定，以抵抗侧向力、扩张力和上升力。

（3）确保通过头部插入的链接销在支架腿完全伸展时通过支架腿内侧口进入，而不是通过支架腿的顶部上方的头进入，正确装配时，支架腿的顶部应该与头部的顶部套筒齐平，或延伸至上方。

（4）组建三脚架必须要三条支架腿完全充分的受力，操作时要让核心力在三脚架里。

（5）个人安全绳应该独立于设备上，切勿将人员系在三脚架本身和任何连接点上。

3.43 绳索救援装备：安全带（ASTRO BOD FAST 型）

◎ 外观：如图 3-89 所示。

图 3-89 ASTRO BOD FAST 安全带

◎ 基本功能：五挂点全身安全带，配有胸式上升器，腹部连接点可打开，提供更好的舒适性和出色的支撑。

3.44 绳索救援装备：挽索（PROGRESS ADJUST-Y 型）

◎ 外观：如图 3-90 所示。

◎ 基本功能：动力绳可吸收冲击力，可以在各种行进方式下提供连接保护。

图 3-90　PROGRESS ADJUST-Y 挽索

3.45　绳索救援装备：止坠器（ASAP LOCK 型）

◎ 外观：如图 3-91 所示。

图 3-91　ASAP LOCK 止坠器

◎ 基本功能：与势能吸收器一起使用，用于止坠保护，配有锁定功能。

3.46 绳索救援装备：下降器（I′ D S 型）

◎ 外观：如图 3-92 所示。

图 3-92 I′ D S 下降器

◎ 基本功能：控制下降和提拉并进行工作定位。

3.47 绳索救援装备：锁扣（Am′ D 型）

◎ 外观：如图 3-93 所示。

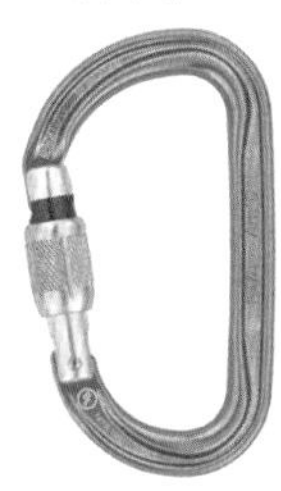

图 3-93 Am′ D 锁扣

◎ 基本功能：连接下降器或定位挽索之类的装备。

3.48 绳索救援装备：抓绳器（ASCENSION/CROLL L/PANTIN 型）

◎ 外观：如图 3-94 所示。

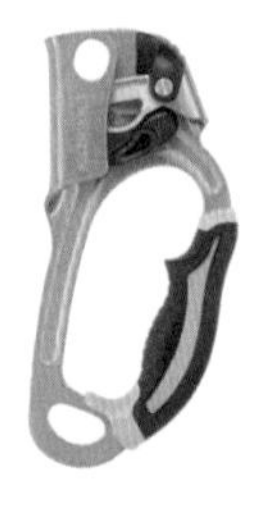

（a）ASCENSION 抓绳器

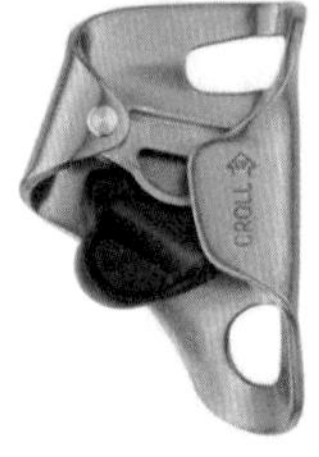

（b）CROLL L 抓绳器

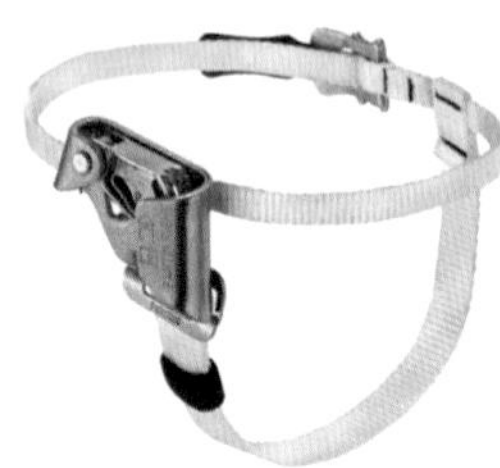

（c）PANTIN 抓绳器

图 3-94 抓绳器

◎ 基本功能：用于上升及建立拖拽系统。

3.49 绳索救援装备：滑轮（SPIN L1/SPIN L2/TWIN RELEASE/REEVE 型）

◎ 外观：如图 3-95 所示。

(a) SPIN L1 滑轮

(b) SPIN L2 滑轮

(c) TWIN RELEASE 滑轮

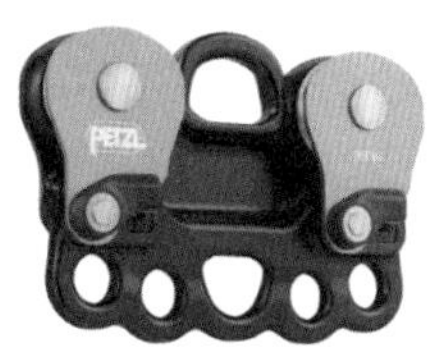

(d) REEVE 滑轮

图 3-95 滑轮

◎ 基本功能：用于提升工具或在救援情况下设置提拉系统。

3.50 绳索救援装备：锚点（COEUR HCR/PAW/SWIVEL OPEN 型）

◎ 外观：如图 3-96 所示。

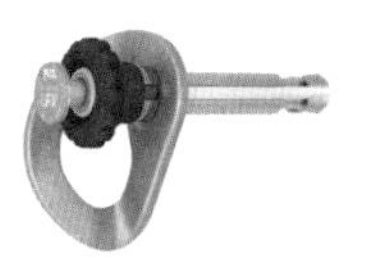

(a) COEUR HCR 锚点

(b) PAW 锚点

(c) SWIVEL OPEN 锚点

图 3-96 锚点

◎ 基本功能：将安全系统与结构、地面进行连接，避免绳索转动时扭曲缠绕。

3.51 绳索救援装备：扁带（ANNEAU/CONNEXION FIXE/WIRE STROP 型）

◎ 外观：如图 3-97 所示。

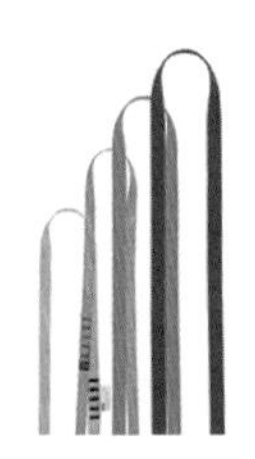

（a）ANNEAU 扁带

（b）CONNEXION FIXE 扁带

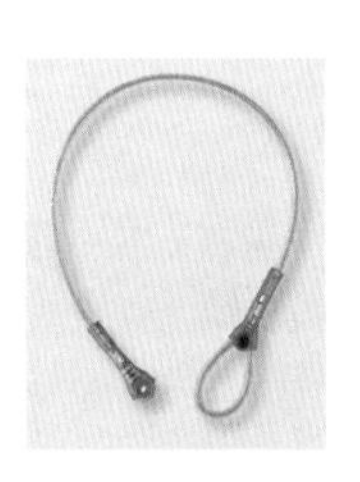

（c）WIRE STROP 扁带

图 3-97 扁带

◎ 基本功能：用于设置临时锚点。

3.52 绳索救援装备：半静力绳（PARALLEL 型）

◎ 外观：如图 3-98 所示。

◎ 基本功能：半静力绳较细的直径提供良好的柔韧性和轻便性。

图 3-98 PARALLEL 半静力绳

3.53 绳索救援装备：绳索保护（ROLLER COASTER/PROTEC 型）

◎ 外观：如图 3-99 所示。

（a）ROLLER COASTER 滚轮护绳器

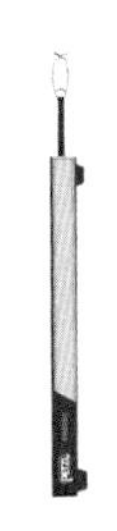

（b）PROTEC 绳索保护套

图 3-99 绳索保护

◎ 基本功能：用于保护移动的绳索免受磨损。

3.54 绳索救援装备：包具配件（BUCKET 45/TARP PRO 型）

◎ 外观：如图 3-100 所示。

（a）BUCKET 45 背包

（b）TARP PRO 绳索地布

图 3-100　包具配件

◎ 基本功能：收纳绳索和其他装备。保护绳索避免污损和灰尘。

3.55 动力输出装备：液压泵

3.55.1 内燃液压泵（SR 10 PC 1/SR 20 PC 2/SR 40 PC 2 型）

◎ 外观及结构：如图 3-101 至图 3-104 所示。

图 3-101 SR 10 PC 1 内燃液压泵

图 3-102 SR 20 PC 2 内燃液压泵

图 3-103 SR 40 PC 2 内燃液压泵

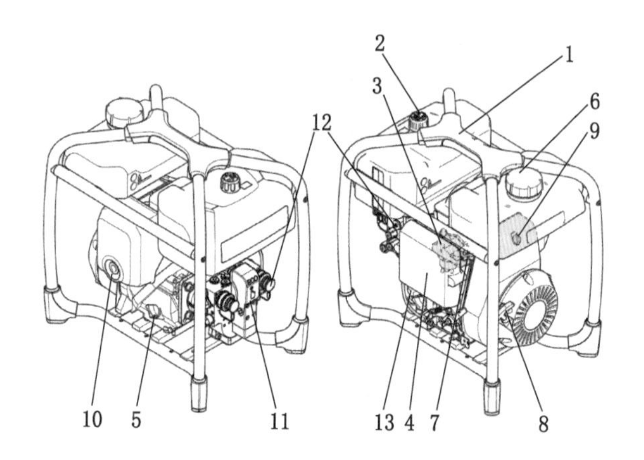

1—便携把手；2—液压油箱加油口盖；3—吸气阀杆；
4—空气滤清器；5—发动机油加油口盖和量油计；
6—燃油箱加油口盖；7—燃油阀操纵杆；8—启动绳索；
9—发动机开关；10—带火花熄灭器的排气口；
11—ECO 模式按钮；12—CORE 快速接头（凹形）；
13—CORE 快速接头压力释放工具

图 3-104　SR 20 PC 2 内燃液压泵结构图

◎ 基本功能与设备构成：由单缸四冲程汽油发动机驱动，为液压破拆、顶撑装备提供液压流量和压力，由汽油发动机和液压系统组成。

◎ 主要技术参数：见表 3-51。

表 3-51　主要技术参数

型号	SR 10 PC 1	SR 20 PC 2	SR 40 PC 2
驱动类型	汽油发动机	汽油发动机	汽油发动机
发动机功率/kW	1.6	2.5	4.1
燃油箱容量/mL	770	1700	3100
机油容量/mL	250	400	600
接头类型	CORE	CORE	CORE
最大工作压力/bar	720	720	720
级数	3	3	3
液压油箱容量/mL	2500	4000	6000
第一级压力范围/bar	0~150	0~150	0~150
第一级输出/($mL \cdot min^{-1}$)	2900	2900	2900
第二级压力范围/bar	150~280	150~280	150~280
第二级输出/($mL \cdot min^{-1}$)	1300	1300	1300
第三级压力范围/bar	280~720	280~720	280~720
第三级输出/($mL \cdot min^{-1}$)	550	550	550

表3-51（续）

工具连接数量/台	1	2	2
可同时使用工具数量/台	1	2	2
质量/kg	14.5	23.2	37.3
尺寸（长度×宽度×高度）/（mm×mm×mm）	360×290×423	455×315×460	497×467×492

» 操作步骤：

（1）检查液压油、燃油、机油油位，如有必要进行添加。

（2）将油路开关转到打开位置。

（3）将发动机电源开关转至打开位置。

（4）将阻风门调至关闭位置（冷启动）或打开位置（热启动）。

（5）拉动启动绳直到感觉有阻力后快速拉动，重复步骤直至发动机启动。

（6）发动机预热后将阻风门完全打开。

（7）作业结束后将发动机电源开关转至关闭位置。

（8）将油路开关转到关闭位置。

（9）断开液压胶管与内燃液压泵、液压工具的连接。

» 常见故障排除与注意事项：

（1）温度差异会导致未连接的液压胶管和液压工具中出现过压现象，从而导致系统无法连接，可使用压力释放工具排除过压问题。

（2）如果系统处于压力状态下但无法断开液压胶管连接，可使用泄压阀释放压力。

（3）如果工具正在使用中或系统正处于压力状态下，切勿尝试连接或断开液压快速接头。

（4）汽油发动机工作时会排出 CO，切勿在密闭空间内使用内燃液压泵，始终确保足够的通风。

（5）重启热发动机时不需要关闭阻风门，保持阻风门在打开位置。

3.55.2 背包式电动液压泵（GBP10EVO3 型）

◈ 外观及结构：如图 3-105、图 3-106 所示。

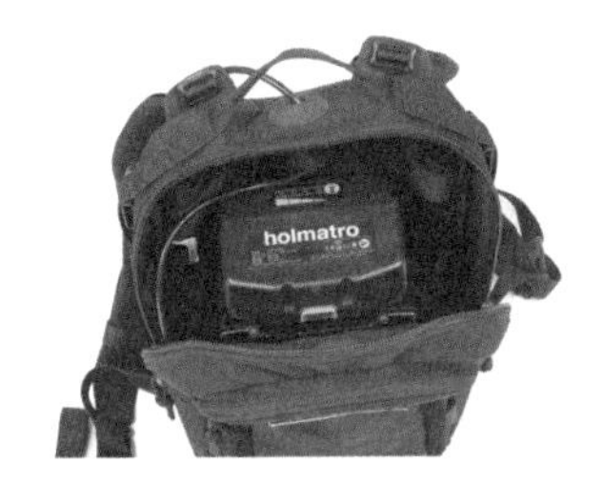

图 3-105 GBP10EVO3 背包式电动液压泵

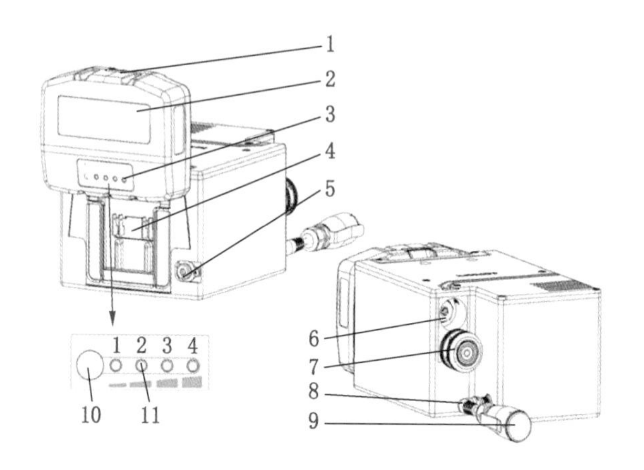

1—电池锁；2—电池；3—电池电量指示灯；4—电池组装置；5—液压油加油口盖/放油塞；6—减压阀；7—CORE 快速接头（凹形）；8—开关电缆；9—on/off 开关；10—指示灯按钮；11—充电状态指示灯

图 3-106　GBP10EVO3 背包式电动液压泵结构图

◎ 基本功能：由电池驱动的液压系统，可为单管技术装备提供液压流量和压力（15 t 和 22 t 顶杆除外），适用于密闭和地下空间。

◎ 主要技术参数：见表 3-52。

表 3-52　主要技术参数

型号	GBP10EVO3
驱动类型	电池
电源	28VDC-700W
接头类型	CORE
最大工作压力/bar	720
级数	2
液压油箱容量/mL	425
保护等级	IP54
第一级压力范围/bar	0~135
第一级输出/(mL · min^{-1})	2200
第二级压力范围/bar	135~720
第二级输出/(mL · min^{-1})	250
工具连接数量/台	1
可同时使用工具数量/台	1
质量/kg	7.5
不含电池质量/kg	6.5
尺寸（长度×宽度×高度）/(mm×mm×mm)	380×240×120

◎ 操作步骤：

（1）检查电池电量，必要时充电或更换电池。

（2）连接液压胶管。

（3）操作 on/off 开关启动电动液压泵。

（4）操作 on/off 开关停止电动液压泵。

（5）断开液压胶管与液压工具、电动液压泵的连接。

（6）取出电池并充电。

◎ 常见故障排除与注意事项：

（1）温度差异会导致未连接的液压胶管和液压工具出现过压现象，从而导致系统无法连接，可使用压力释放工具排除过压问题。

（2）除电池以外，也可通过专用电源连接器连接到电源进行供电。

（3）如果系统处于压力状态下但无法断开液压胶管连接，可使用泄压阀释放压力。

（4）电池不使用时建议将其一直连接充电器，电池充满后充电器会自动关闭。

（5）如果工具正在使用中或系统正处于压力状态下，切勿尝试连接或断开液压快速接头。

（6）如果移除电池时没有停止电动液压泵，电动液压泵会在新电池放入后立即启动。

3.55.3 手动液压泵（PA 09 H 2 C/PA 18 H 2 C 型）

◎ 外观：如图 3-107、图 3-108 所示。

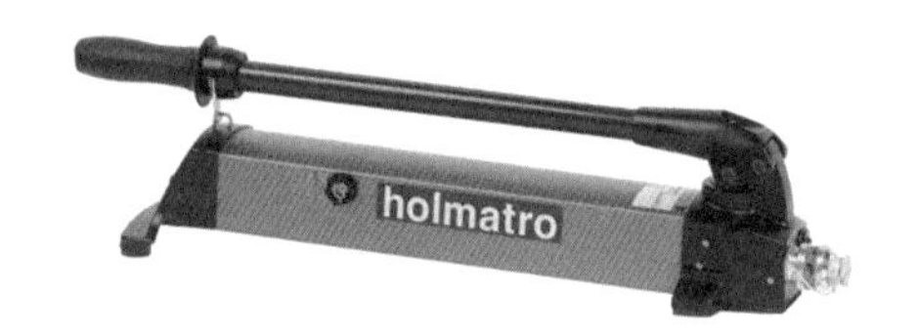

图 3-107 PA 09 H 2 C 手动液压泵

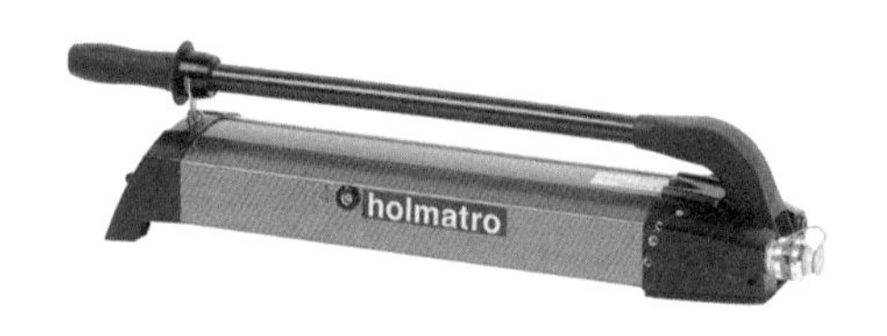

图 3-108 PA 18 H 2 C 手动液压泵

◎ 基本功能：为单动和双动液压破拆、顶撑装备提供液压流量和压力，适用于较远或难以到达的位置。

◎ 主要技术参数：见表 3-53。

表 3-53 主要技术参数

型号	PA 09 H 2 C	PA 18 H 2 C
接头类型	CORE	CORE
最大工作压力/bar	720	720

表 3-53（续）

级数	2	2
液压油箱容量/mL	900	1800
第一级压力范围/bar	0~45	0~45
第一级输出/(mL·行程$^{-1}$)	21.8	42.8
第二级压力范围/bar	45~720	45~720
第二级输出/(mL·行程$^{-1}$)	2.1	3.1
工具连接数量/台	1	1
可同时使用工具数量/台	1	1
质量/kg	4.8	7.7
尺寸（长度×宽度×高度）/(mm×mm×mm)	664×135×170	745×160×175

◎ 操作步骤：

（1）将手动液压泵置于垂直位置，通过液压油量指示表观察液压油量，如有必要进行补充。

（2）连接液压胶管和液压工具。

（3）打开操作杆锁。

（4）确保手动液压泵泄压阀关闭，上下移动操作杆使液压油流动，聚集压力。

（5）打开泄压阀，卸掉压力后断开液压胶管与液压工具、手动液压泵的连接。

（6）将操作杆返回水平位置，用操作杆锁固定。

◎ 常见故障排除与注意事项：

（1）温度差异会导致未连接的液压胶管和液压工具出现过压现象，从而导致系统无法连接，可使用压力释放工具排除过压问题。

（2）如果工具正在使用中或系统正处于压力状态下，切勿尝试连接或断开液压快速接头。

3.56 动力输出装备：液压动力站

3.56.1 液压动力站（HPP13F/HPP06 型）

◎ 外观：如图 3-109、图 3-110 所示。

图 3-109 HPP13F 液压动力站

◎ 基本功能与设备构成：以四冲程汽油发动机作为动力源，可以驱动各种型号的 HYCON 液压工具和其他液

图 3-110　HPP06 液压动力站

压设备，如液压破碎镐、液压圆盘锯、液压链锯、液压圆环锯、液压岩石钻、液压岩芯钻等，从而可以完成破碎、切割、钻孔、取芯等工作。由汽油发动机、液压系统组成。

◎ 主要技术参数：见表 3-54。

表 3-54　主要技术参数

型号	HPP13F	HPP06
净重/kg	81	58
液压油流量/(L·min^{-1})	20~30	18
工作压力/bar	120	100
最大压力/bar	150	110
液压油箱容积/L	6.5	7
发动机型号	Honda GX390QXB7	Honda GX200QX7

表 3-54（续）

汽油箱容积/L	4.7	3.1
尺寸（长度×宽度×高度）/（mm×mm×mm）	710×595×645	647×490×598
声能强度，1 m 处/dB	101	100

◎ 操作步骤：

（1）检查汽油机燃油油面高度和液压油油面高度。

（2）连接液压管和液压工具。

（3）将燃油旋钮置于“ON”位置，关闭风门，旋转点火开关到“1”，拉动启动拉绳，发动机启动后打开风门，把控制开关置于“ON”位置。

（4）作业结束后，将控制开关扳到“OFF”位置，旋转点火开关到“0”，将燃油旋钮置于“OFF”位置。

◎ 注意事项：

（1）必须戴上防护耳塞。

（2）启动前必须将所有的液压软管连接好。

（3）当汽油机工作时，禁止添加燃油和液压油。

（4）不使用机器或停止操作时，必须关闭发动机。

（5）如果动力站没有与液压工具连接并将控制开关置于“ON”位置，那么会导致温度过热而损坏动力站。

（6）出厂时卸压阀的压力设定为 150 bar，不能超过此压力。

（7）必须使用带旁通的过滤器，否则会有引起爆炸的危险。

3.56.2　液压动力站（BP2型）

◎ 外观：如图3-111所示。

图3-111　BP2液压动力站

◎ 基本功能与设备构成：由四冲程汽油发动机作为动力源，为液压式岩石和混凝土分裂机提供液压动力。由汽油发动机、液压系统组成。

◎ 主要技术参数：见表3-55。

表3-55　主要技术参数

型号	BP2
驱动类型	汽油发动机
功率/kW	2.1
转速/$(r \cdot min^{-1})$	3000

表 3-55（续）

低压阶段最大压力/bar	85
低压阶段流量/(L·min^{-1})	5
高压阶段最大压力/bar	500
高压阶段流量/(L·min^{-1})	1.6
液压油箱容量/L	5
可同时驱动的液压工具数量	最多3台
质量/kg	40
尺寸（长度×宽度×高度）/(mm×mm×mm)	600×398×426

◎ 操作步骤：

（1）检查燃油和液压油油位。

（2）连接液压工具，分别拧开液压分流阀上的高、低压连接头上的螺母，取下液压堵头，然后装上相应的高、低压液压连接管。

（3）打开油路开关和阻风门。

（4）打开发动机开关，拉动启动拉绳，发动机启动后关闭阻风门。

（5）作业结束后，将液压工具的控制阀放在无压力位置上，关闭动力站，断开液压快速接头。注意要首先断开高压快速接头，然后再断开低压快速接头。

◎ 注意事项：

（1）首先连接液压回油管，然后再连接液压进油管。

（2）连接液压连接管和液压动力站，既可以通过将液压连接管直接旋紧拧在液压动力站的液压输出接口上的方式，也可以通过液压快速接头连接的方式。

（3）当液压工具与液压动力站的连接为普通接头的连接形式时，一定要注意区分高压液压管与低压液压管，不要连接错。

（4）连接或拆分液压工具与液压动力站时，一定要注意将液压工具的控制阀放在无压力位置上。

（5）必须在液压动力站处于关机的状态下将其他的液压工具连接到本产品上。

3.57　动力输出装备：移动式压缩机（M17型）

◎ 外观：如图3-112所示。

图3-112　M17移动式压缩机

◎ 基本功能与设备构成：由四冲程汽油发动机作为动力源，为风镐和凿岩机等气动破拆装备提供空气动力。由汽油发动机、压缩空气系统组成。

◎ 主要技术参数：见表3-56。

表3-56 主要技术参数

型号	M17
发动机型号	Honda GX 630
额定发动机功率/kW	15.5
燃油箱容量/L	20
7 bar工作压力下的流量/($m^3 \cdot min^{-1}$)	1.6
15 bar工作压力下的流量/($m^3 \cdot min^{-1}$)	1
质量/kg	204

3.58 动力输出装备：汽油发电机

3.58.1 汽油发电机（EF2000iS/EF7000/EF17000TE型）

◎ 外观及结构：如图3-113至图3-116所示。

◎ 基本功能与设备构成：以单缸四冲程汽油发动机作为动力源，可为220 V/50 Hz和380 V/50 Hz电动装备提供动力。由汽油发动机、发电机组成。

图 3-113　EF2000iS 汽油发电机

图 3-114　EF7000 汽油发电机

图 3-115　EF17000TE 汽油发电机

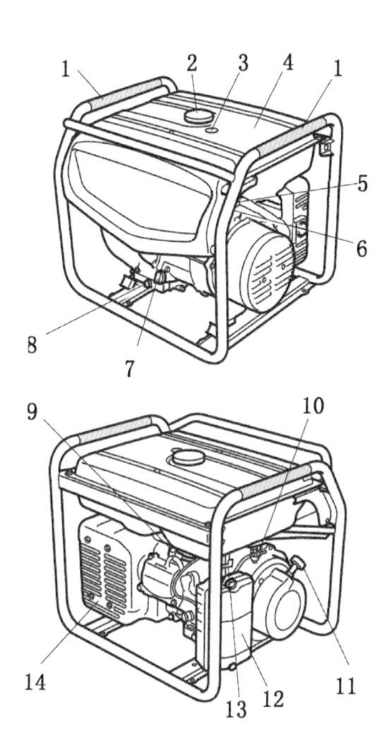

1—手提把手；2—燃油箱盖；3—油位计；4—燃油箱；
5—电压表；6—接地端子；7—机油注入口盖；8—排油螺栓；
9—火花塞；10—燃油旋塞；11—手拉式启动器手柄；
12—空气滤清器盒罩；13—阻风门调节杆；14—消音器

图 3-116 EF7000 汽油发电机结构图

◎ 主要技术参数：见表 3-57。

表 3-57 主要技术参数

型号		EF2000iS	EF7000	EF17000TE
发电机	额定输出/kVA	1.6	5.0	12.5
	最大输出/kVA	2.0	6.0	15
	额定电压/V	220	220	380（三相）/220（单相）
	额定电流/A	7.3	22.7	18.9
	频率/Hz	50	50	50
	直流输出	12V-8A	—	—
发动机	排量/mL	79	358	720
	额定功率/kW	1.9	8.6	18.7
	启动方式	手启动	手启动	电启动
	油箱容积/L	4.2	28	44
	连续运转时间/h	4.2	11	6.1
	润滑油容量/L	0.4	1.1	1.55
其他	尺寸（长度×宽度×高度）/（mm×mm×mm）	490×280×455	670×535×565	851×650×886
	净重/kg	20	84	178
	电池容量	—	—	12 V-32 A · h或更大容量

◎ 操作步骤：

（1）关闭 AC 开关，将省油运转开关调至“OFF”（关）位置。

（2）将燃油旋塞杆旋至打开位置。

（3）将发动机开关旋至“ON”（开）位置。

（4）将阻风门调节杆旋至“| \ |”位置。

（5）缓慢拉动手拉式启动器至拉线被挂紧，然后快速拉动，直至发动机启动。

（6）等发动机变热后，将阻风门完全打开，打开 AC 开关，将省油运转开关调至“ON”（开）位置，接通用电设备。

（7）撤收时，关闭所有用电设备。将 AC 开关和省油运转开关调至“OFF”（关）位置，断开所有用电设备的连接。

（8）将发动机开关旋至“STOP”（停止）位置。

（9）将燃油旋塞杆旋至关位置。

◎ 注意事项：

（1）操作前请检查燃油箱油位和发动机机油油位，检查燃油软管是否破裂或损坏。

（2）启动热发动机时不需要阻风门，将阻风门调节杆旋至初始位置。

（3）切勿在封闭环境下操作发动机。

（4）启动发动机之前，请勿连接任何电气装置。

(5) 抓紧提手，避免在拉动手拉式启动器时发电机倾倒。

3.58.2 防水汽油发电机（BSKA6,5型）

◎ 外观：如图3-117所示。

图3-117 BSKA6,5防水汽油发电机

◎ 基本功能与设备构成：以双缸四冲程汽油发动机为动力源，为220V/50Hz和380V/50Hz电动装备提供动力。由汽油发动机、发电机、配电箱和保护罩组成。

◎ 主要技术参数：见表3-58。

表3-58 主要技术参数

发电机	额定输出，三相/kVA	6.5
	额定输出，单相/kVA	5
	额定电压，三相/V	400
	额定电压，单相/V	230
	额定电流，三相/A	9.3

表 3-58（续）

发电机	额定电流，单相/A	21.7
	频率/Hz	50
发动机	引擎类型	四冲程双缸
	额定功率/kW	10.3
	排量/mL	480
	油箱容积/L	10.5
	润滑油容量/L	1.7
	连续运转时间/h	75%负载：6.75
其他	净重/kg	116
	尺寸（长度×宽度×高度）/（mm×mm×mm）	700×440×580

◎ 操作步骤：

（1）如果需要可打开阻风门来冷启动引擎，如果启动时引擎是热的或者环境温度较高，则无需打开阻风门。

（2）转动点火开关至“On”位置，将油路拨到“Open”位置。

（3）慢慢拉动反冲式启动拉绳手柄，在发动后请勿立即释放拉绳，慢慢释放使其回到原位，以防损坏。

（4）按下停止按钮，转动点火开关至“Off”位置。

◎ 常见故障排除与注意事项：

（1）如果引擎关闭并无法重启，先检查油箱油量，再检查其他部件有无故障。

（2）如果发电机持续超过一周以上不使用，则关闭油路使引擎耗尽残余燃油，以防长时间不使用堵塞化油器。

3.59 动力输出装备：电源动力站（PP 70型）

◎ 外观：如图3-118所示。

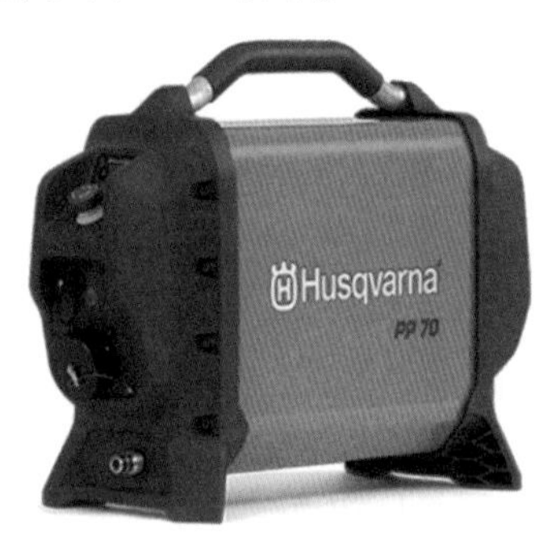

图3-118 PP 70电源动力站

◎ 基本功能：通过连接三相和单相电源，为高频电动切割装备提供动力。

◎ 主要技术参数：见表3-59。

表 3-59 主要技术参数

型号	PP 70
电压/V	120~480
电源	插电
频率/Hz	50~60
输出功率/kW	6.5
额定电流（单相）/A	15
额定电流（三相）/A	16
质量/kg	18
尺寸（长度×宽度×高度）/(mm×mm×mm)	570×183×410

操作步骤：

(1) 转动停机按钮，确保停机按钮已松开。

(2) 将动力站连接到已接地且电压稳定的插座。

(3) 将水软管连接到动力站上的进水接口。

(4) 将动力站上的出水接口连接到高频电动切割装备进水接头。

(5) 将高频电动切割装备动力单元接头连接到动力站工具接口。

(6) 按下启动按钮启动动力站。

(7) 作业结束后停止所连接的高频电动切割装备，按下关闭按钮停止动力站。

◎ 注意事项：

（1）如果是单相电源，请使用适配器。

（2）进行检查或维护时，必须关闭电机并断开电源插头。

（3）只能使用干净的水，以防污垢导致水系统堵塞。

（4）作业结束后，利用气压将水从动力站中排出。

（5）断开电源的连接，至少等待 5 min，再开始维护。

（6）在每天作业结束后清洁动力站。

3.60 照明装备：气动升降照明灯组（QT6-6/HP 型）

◎ 外观：如图 3-119 所示。

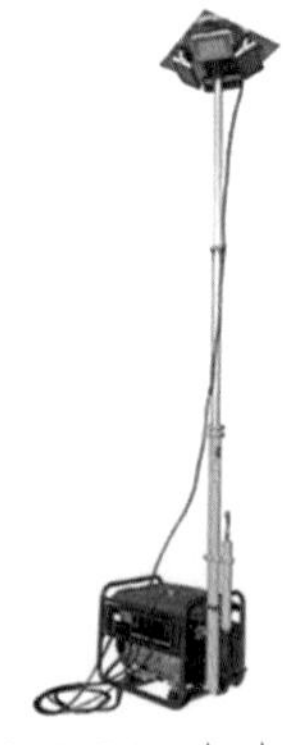

图 3-119 QT6-6/HP 气动升降照明灯组

◎ 基本功能与设备构成：用于灾害现场照明，可移动使用。由气动升降灯杆、灯头组成。

◎ 主要技术参数：见表3-60。

表3-60 主要技术参数

型号	QT6-6/HP
顶端灯具功率	50W×4
灯杆旋转角度/(°)	360
缩回高度/m	1.5
延伸高度/m	6.1
最大顶部承重/kg	4.5
最大工作压力/bar	1.8
灯头俯仰角度/(°)	0~120
底部直径/mm	63.5
升降杆节数	6
最大承受风速/($km \cdot h^{-1}$)	80（有牵索） 128（无牵索）
质量/kg	6.9

◎ 操作步骤：

(1) 固定升降杆与发电机。

(2) 关闭灯杆气动阀门，放松灯杆顶部第一节紧固钮，紧固其余紧固钮，加压手泵使其升起，拧紧该节紧固钮；重复以上程序直到灯杆升起。

（3）启动发电机，对气动升降照明灯组供电。

（4）撤收时，关闭照明设备，关闭发电机，收回升降杆并将照明设备与发电机分离。

◎ 注意事项：

（1）升降杆可适合 24 mm 直径的插口。

（2）在救援现场安装并完全加固，直至不可能转动升降杆。

3.61 照明装备：月球灯（AIRSTAR 型）

◎ 外观：如图 3-120 所示。

图 3-120 AIRSTAR 月球灯

◎ 基本功能与设备构成：用于灾害现场照明，可移动使用，由三脚架、月球灯组成。

◎ 主要技术参数：见表3-61。

表3-61 主要技术参数

型号	AIRSTAR
发光物体	卤素灯
电源	230 V/50 Hz
连续功率/W	2000
工作高度/m	2~5.5
电缆长度/m	10
充气时间/s	45
灯罩直径/mm	900
灯罩高度/mm	600
质量/kg	42

◎ 操作步骤：

(1) 将月球灯装在支顶杆上，可使用倾斜装置以保证手柄完全紧固。

(2) 插上月球灯的插座，打开开关。在45 s的自动充气之后，球体中的灯即会自动点亮。

(3) 撤收时，将月球灯从支顶杆上取下，等待5 min使灯泡自行降温后撤收。

◎ 常见故障排除与注意事项：月球灯不能充气或不亮时，应检查灯泡和保险管是否损坏，若出现上述状况，需要更换灯泡或保险管。

3.62 照明装备：立式投光灯（M18 HOSALC-0 型）

◎ 外观：如图 3-121 所示。

图 3-121　M18 HOSALC-0 立式投光灯

◎ 基本功能：由锂电或市电供电，为作业场地提供照明。

◎ 主要技术参数：见表 3-62。

表 3-62　主要技术参数

型号	M18 HOSALC-0
直流电电压/V	18
电池类型	红锂电池
输入功率/W	80

表 3-62（续）

交流电电压/V	110～240
输入功率/W	150
照明输出及时间	6000 lm/3.5 h
	4000 lm/5 h
	1700 lm/10 h
USB 输出	5.0 V/2.1 A
质量（不含电池）/kg	9.6

3.63 照明装备：充电式自动升降照明灯（MXF TL-0 型）

- 外观：如图 3-122 所示。

图 3-122 MXF TL-0 充电式自动升降照明灯

◎ 基本功能：由锂电或市电供电，为作业场地提供照明。

◎ 主要技术参数：见表3-63。

表3-63 主要技术参数

型号	MXF TL-0
最大光通量/lm	27000（AC)/20000（DC)
最大工作高度/m	3
充电时间（DC)/min	90
照明输出及时间（DC)	20000 lm/3 h
	10000 lm/6 h
	5000 lm/10 h
照明输出（AC)/lm	27000/14000/7000
交流电电压/V	100~240
交流电输入功率/W	960
电池电压/V	72
直流电输入功率/W	550
防护等级	IP55
抗风等级/$(km \cdot h^{-1})$	55
质量（不含电池)/kg	48

3.64 照明装备：三脚照明灯（100W 型）

◎ 外观：如图 3-123 所示。

图 3-123 100W 三脚照明灯

◎ 基本功能与设备构成：用于灾害现场照明，可移动使用。由 100W 照明灯头、三脚架组成。

◎ 主要技术参数：见表 3-64。

表 3-64 主要技术参数

型号	100W
电源/V	220
缩合高度/mm	1051
固定柱直径/mm	30
射灯功率/W	100
延伸高度/mm	1650

◎ 操作步骤：

（1）打开三脚架延伸杆卡销，调整三脚架高度。

（2）安装 100 W 照明灯头。

（3）连接电源插头。

（4）撤收时，拔掉电源插头，将灯头从三脚架取下。

3.65 安全装备：空气呼吸器（AG2100 型）

◎ 外观：如图 3-124 所示。

图 3-124 AG2100 空气呼吸器

◎ 基本功能：压缩空气瓶通过减压阀、供气阀和全面罩将呼吸用的空气提供给救援人员，呼出的空气直接排入大气环境中。

◎ 主要技术参数：见表 3-65。

表3-65 主要技术参数

型号	AG2100
工作压力/MPa	30
气瓶容积/L	6.8
储气量/m^3	2.04
报警压力/MPa	5.5±0.5
质量/kg	11.5

◎ 操作步骤：

(1) 检查气瓶压力表读数，数值不得小于27 MPa，正确穿戴呼吸器。

(2) 关闭供气阀，打开1/2圈瓶阀然后再关闭，检查报警压力，轻按供气阀红色按钮慢慢排气，观察压力表，报警哨响时，指针必须在5~6 MPa之间，将瓶阀重新打开。

(3) 挂好面罩颈带，将面罩套入脸部，用手心将进气口堵住，吸气，面罩内应无气流流动，将供气阀和面罩连接，深吸一口气将供气阀打开，可进入作业场地。

(4) 使用完后拆下供气阀，取下面罩，脱卸呼吸器。

◎ 注意事项：

(1) 只有经全面测试和维护过的呼吸器才可使用。

(2) 呼吸器在使用过程中应避免被尖锐物体划伤、避免与其他物体发生碰撞。

（3）气瓶中压力不得低于 27 MPa。

（4）一旦减压器的安全压力阀有排气现象，请立即撤离工作现场，并停止使用。

3.66 安全装备：正压排烟机（TYPHOON 型）

◎ 外观：如图 3-125 所示。

图 3-125 TYPHOON 正压排烟机

◎ 基本功能：通过风机产生正压力，将空气中的有毒有害气体、烟雾等驱赶排出。

◎ 主要技术参数：见表 3-66。

表 3-66 主要技术参数

型号	TYPHOON
排风能力/($m^3 \cdot h^{-1}$)	900
额定转数/($r \cdot min^{-1}$)	3600

表 3-66（续）

最大倾斜角度/(°)	20
润滑油容量/L	0.6

◎ 操作步骤：

(1) 检查发动机燃油和机油油位。

(2) 打开发动机开关和油路开关。

(3) 打开阻风门，拉动启动绳，发动机启动后关闭阻风门。

(4) 通过控制油门调整发动机转速，调节风力大小，排烟机开始工作。

(5) 作业结束后关闭发动机开关。

◎ 注意事项：排烟机工作时，人员应远离风扇，防止衣物卷入。

3.67 辅助装备：空气压缩机

3.67.1 内燃空气压缩机（JUNIOR Ⅱ-B 型）

◎ 外观及结构：如图 3-126、图 3-127 所示。

◎ 基本功能与设备构成：由单缸四冲程汽油发动机驱动，为气瓶压缩纯净的呼吸空气。由汽油发动机、压缩空气系统和过滤系统组成。

◎ 主要技术参数：见表 3-67。

图 3-126　JUNIOR Ⅱ-B 内燃空气压缩机

1—高压充气管；2—排气管；3—空气过滤器；4—油箱；
5—油门杆；6—阻气杆；7—燃油旋塞；8—启动绳；
9—发动机停止开关；10—充气阀及压力表；11—终极安全阀；
12—P21 过滤系统；13—B-Timer（呼吸空气滤芯监察系统）；
14—冷凝水排放阀

图 3-127　JUNIOR Ⅱ-B 内燃空气压缩机结构图

表3-67 主要技术参数

型号	JUNIOR Ⅱ-B
发动机型号	Honda GX 160
发动机功率/kW	4.2
发动机转速/($r \cdot min^{-1}$)	3600
介质	呼吸空气
供气量/($m^3 \cdot h^{-1}$)	6
工作压力/MPa	20
终级安全阀压力设定/bar	330
压缩级数	3
压缩缸数	3
压缩机转速/($r \cdot min^{-1}$)	2300
过滤系统	P21
质量/kg	44
尺寸（长度×宽度×高度）/(mm×mm×mm)	780×370×440

◎ 操作步骤：

（1）检查发动机燃油、机油和压缩机体润滑油油位。

（2）将冷凝水排放阀打开。

（3）打开油路开关和发动机开关，打开阻风门，将节气门手柄调到低速。

（4）拉动启动拉绳，发动机启动后关闭阻风门，关闭冷凝水排放阀。

（5）将充气装置连接上气瓶，打开充气阀。

（6）打开气瓶阀开始充气。

（7）当气瓶达到需要的压力，首先关闭气瓶阀，然后关闭充气阀，断开气瓶连接。

（8）作业结束后关闭发动机开关，打开冷凝水排放阀排空冷凝水，关闭所有阀门。

◎ 常见故障排除与注意事项：

（1）如果安装了滤芯还是发现漏气，可能滤芯的 O 形胶环在安装的时候损坏或断裂，更换 O 形胶环即可。

（2）在所有阀门关闭的情况下，将压缩机的压力加到终级安全阀开始漏气，从压力表上可以看到卸压的压力，如果压力超过设定的 10%，更换安全阀。

（3）为防止吸入废气，须将压缩机顺风向摆放。

（4）在充气过程中至少每 15 min 排放一次冷凝水。

（5）充气过程不可以停止超过 10 min，防止空气中的 CO_2 增加并注入气瓶。

（6）没有滤芯的情况下不可能产生压力。

3.67.2　电动空气压缩机（JUNIOR Ⅱ-W 型）

◎ 外观及结构：如图 3-128、图 3-129 所示。

◎ 基本功能与设备构成：由交流电机驱动，为气瓶压缩纯净的呼吸空气。由电机、压缩空气系统和过滤系统组成。

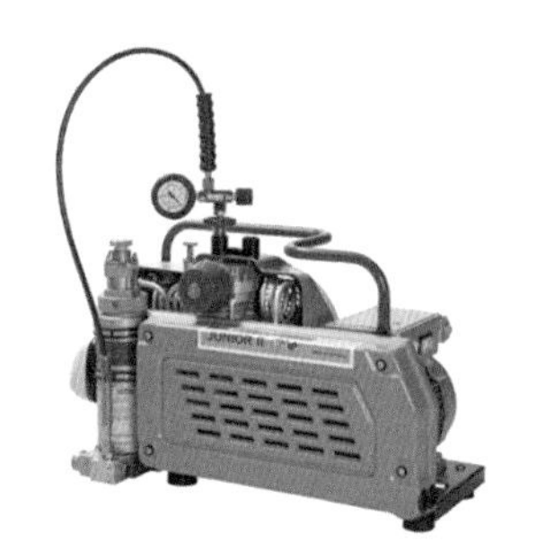

图 3-128 JUNIOR Ⅱ-W 电动空气压缩机

1—高压充气管；2—充气阀及压力表；
3—马达接线箱及电源开关；4—单相马达；5—终极安全阀；
6—扶手；7—风扇罩；8—保压阀；9—冷凝水排放阀

图 3-129 JUNIOR Ⅱ-W 电动空气压缩机结构图

◎ 主要技术参数：见表3-68。

表3-68 主要技术参数

型号	JUNIOR Ⅱ-W
电机类型	交流电机
电压/V	230
频率/Hz	50
功率/kW	2.2
转速/($r \cdot min^{-1}$)	3000
介质	呼吸空气
供气量/($m^3 \cdot h^{-1}$)	6
工作压力/MPa	20
终级安全阀压力设定/bar	330
压缩级数	3
压缩缸数	3
压缩机转速/($r \cdot min^{-1}$)	2300
过滤系统	P11
质量/kg	46
尺寸（长度×宽度×高度)/(mm×mm×mm)	690×400×440

◎ 操作步骤：

(1) 检查压缩机体润滑油油位。

(2) 将冷凝水排放阀打开。

(3) 连接电源，启动充气机，关闭冷凝水排放阀。

(4) 将充气装置连接上气瓶，打开充气阀。

(5) 打开气瓶阀开始充气。

(6) 当气瓶达到需要压力，首先关闭气瓶阀，然后关闭充气阀，断开气瓶连接。

(7) 作业结束后关闭充气机开关，打开冷凝水排放阀排空冷凝水，关闭所有阀门。

◈ 常见故障排除与注意事项：

(1) 如果安装了滤芯还是发现漏气，可能滤芯的 O 形胶环在安装的时候损坏或断裂，更换 O 形胶环即可。

(2) 在所有阀门关闭的情况下，将压缩机的压力加到终级安全阀开始漏气，从压力表上可以看到卸压的压力，如果压力超过设定的 10%，更换安全阀。

(3) 为防止吸入废气，须将压缩机顺风向摆放。

(4) 在充气过程中至少每 15 min 排放一次冷凝水。

(5) 充气过程不可以停止超过 10 min，防止空气中的 CO_2 增加并注入气瓶。

(6) 没有滤芯的情况下不可能产生压力。

3.68 辅助装备：复合碳纤维气瓶（L65X-11 型）

◈ 外观：如图 3-130 所示。

◈ 基本功能：为气动顶撑装备提供压缩空气动力或为空气呼吸器提供呼吸空气。

图 3-130　L65X-11 复合碳纤维气瓶

◎ 主要技术参数：见表 3-69。

表 3-69　主要技术参数

型号	L65X-11
工作压力/MPa	30
水压测试压力/MPa	50
爆破压力/MPa	102
水容积/L	6.8
瓶口螺纹	M18×1.5
质量/kg	3.8
检验周期/年	3
使用寿命/年	15

◎ 操作步骤：

（1）逆时针旋转操纵阀打开气瓶，为工作提供高压气体。

(2) 顺时针旋转关闭气瓶。

◎ 注意事项：

(1) 气瓶在运输或存放期间应将空气放出。

(2) 严禁使用有损伤或超过使用寿命的气瓶。

3.69 辅助装备：封管器（HPS 60 AU 型）

◎ 外观：如图 3-131 所示。

图 3-131 HPS 60 AU 封管器

◎ 基本功能：由手动液压泵提供液压流量和压力，对发生泄漏的液体输送管进行封闭。

◎ 主要技术参数：见表 3-70。

表 3-70 主要技术参数

型号	HPS 60 AU
最大工作压力/bar	720
最大管道外径/mm	60

表 3-70（续）

最大管壁厚度/mm	4
最大收紧力/kN	152.9
所需含油量/mL	130
质量/kg	8.6
尺寸（长度×宽度×高度）/(mm×mm×mm)	410×212×155

◎ 操作步骤：

（1）连接手动液压泵、液压胶管、封管器。

（2）拔出安全销，调整固定刀口，将需要封夹的管子套入刀口之间，然后将安全销复位。

（3）确保手动液压泵泄压阀关闭，上下移动手动液压泵操作杆使液压油流动，聚集压力开始工作。

（4）使用完毕后，打开泄压阀，卸掉压力后断开液压胶管与封管器、手动液压泵的连接。

3.70 辅助装备：充电式电锤钻（M18 FH-0X0 型）

◎ 外观：如图 3-132 所示。

◎ 基本功能：由电池供电驱动，用于在混凝土、砖墙和石材上进行震动钻，在木材、金属、陶材和塑料上进行正常钻，也能够拧转螺丝。

◎ 主要技术参数：见表 3-71。

图 3-132　M18 FH-0X0 充电式电锤钻

表 3-71　主要技术参数

型号	M18 FH-0X0
额定输入功率/W	650
冲击频率/(次·min^{-1})	1330
冲击能量/J	2.7
空载转速/(r·min^{-1})	4800
最大钻孔直径（混凝土)/mm	26
最大钻孔直径（钢材)/mm	13
最大钻孔直径（木材)/mm	28
质量（不含电池)/kg	3.4

3.71　辅助装备：液压胶管（C 05/10/15/20 OU 型）

- 外观：如图 3-133 所示。
- 基本功能：用于在液压泵和液压工具之间传输液

图 3-133　C 05/10/15/20 OU 液压胶管

压油。

◎ 主要技术参数：见表 3-72。

表 3-72　主要技术参数

型号	C 05 OU	C 10 OU	C 15 OU	C 20 OU
接头类型	CORE	CORE	CORE	CORE
最大工作压力/bar	720	720	720	720
长度/m	5	10	15	20
质量/kg	2. 5	4. 7	6. 9	9. 1

◎ 操作步骤：

（1）拆下凹形和凸形接头的防尘盖，检查接头有无灰尘以及是否损坏。

（2）握住两个接头的前端，将凸形接头一次性推入凹形接头中，凹形接头外环按箭头反方向移动并自动锁定，连接防尘盖。

（3）作业结束后，拆下两个接头的防尘盖，转动凹形接头外环，然后按照箭头方向滑动，凸形接头会脱落。去除接头和防尘盖上的灰尘和油污，重新装上两个接头上的防尘盖。

◎ 常见故障排除与注意事项：

（1）温度差异会导致未连接软管和液压工具出现过压现象。过压会导致软管与液压工具无法连接，可使用压力释放工具排除过压问题。

（2）如果液压工具正在使用中或液压系统正处于压力状态下，切勿尝试连接或脱开液压接头。

3.72 辅助装备：垫块（套件 A/B 型）

◎ 外观：如图 3-134 所示。

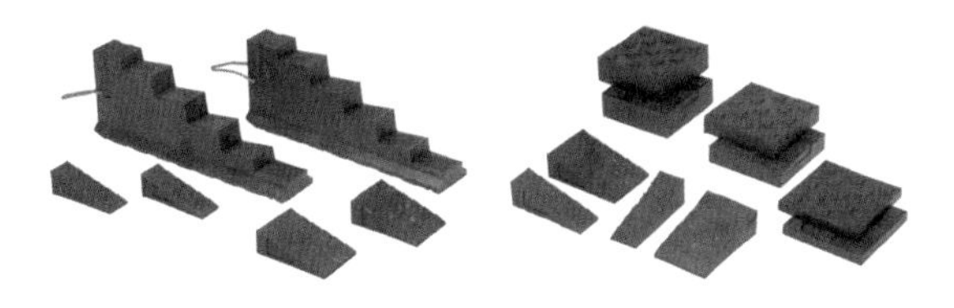

（a）套件 A 垫块　　（b）套件 B 垫块

图 3-134 垫块

◎ 基本功能：用于支撑重物。

◎ 主要技术参数：见表 3-73。

表 3-73 主要技术参数

型号	套件 A	套件 B
表面可承受的压力/（$kg \cdot cm^{-2}$）	100	100
标配	定位块×2 楔子（小）×2 楔子（大）×2	楔子（小）×2 楔子（大）×2 压块（小）×2 压块（中）×2 压块（大）×2
质量/kg	15.6	15

通信装备

4 通信装备

4.1 海事卫星

4.1.1 海事卫星系统简介（海事卫星 BGAN 系统与海事卫星 Ka 卫星）

➤ 海事卫星 BGAN 系统：如图 4-1 所示，海事卫星 BGAN 系统使用地球同步轨道卫星，三颗卫星即可覆盖全球（南北极除外），在全球提供语音和数据服务。

➤ 海事卫星 Ka 卫星：如图 4-2 所示，海事卫星 Ka 卫星是地球同步轨道卫星，三颗卫星覆盖全球（南北极除外），在全球提供 Ka 频段高速网络服务。

4.1.2 车载海事卫星终端（BGAN 727 型）

➤ 外观：如图 4-3、图 4-4 所示。

➤ 基本功能：全球通信（南北极除外），可以在车辆行驶过程中传输语音、数据、视频信息。

➤ 主要技术参数：见表 4-1。

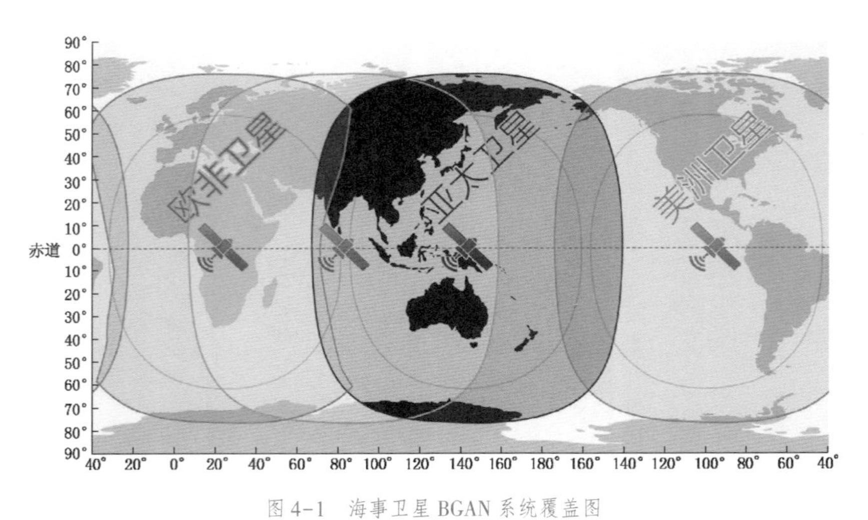

图 4-1 海事卫星 BGAN 系统覆盖图

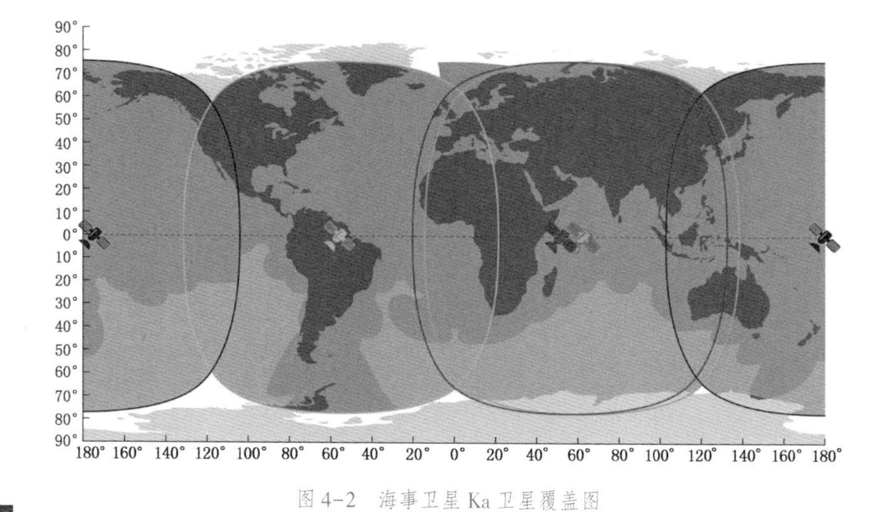

图 4-2 海事卫星 Ka 卫星覆盖图

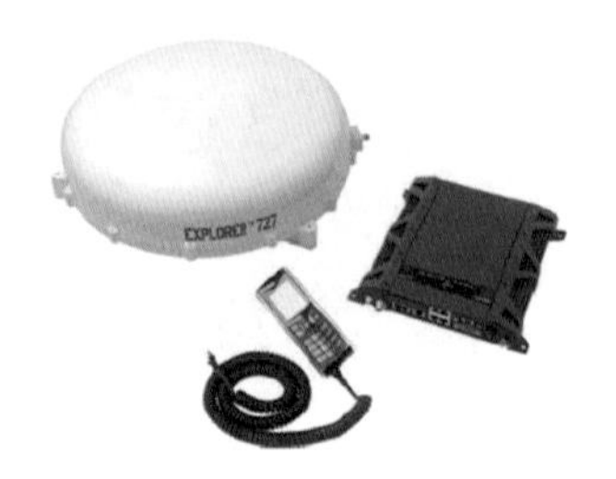

图 4-3　BGAN 727 主要部件

表 4-1　主要技术参数

型号	BGAN 727
质量	天线 6 kg，主机 2.5 kg
接口	以太网接口 4 个；ISDN 接口 1 个；电话/传真接口 2 个；通用接口的 I/O 转换器 5 个（振铃、警报、静音、无线电静音、点火控制）
频率	发送频率：1626.5～1660.5 MHz；接收频率：1525.0～1559.0 MHz
数据	标准数据：最高 432 kbps；保证带宽数据：32，64，128，256 kbps
工作温度	-25～55 ℃
防护等级	主机 IP31；天线 IP56
电源功耗	10～32 V

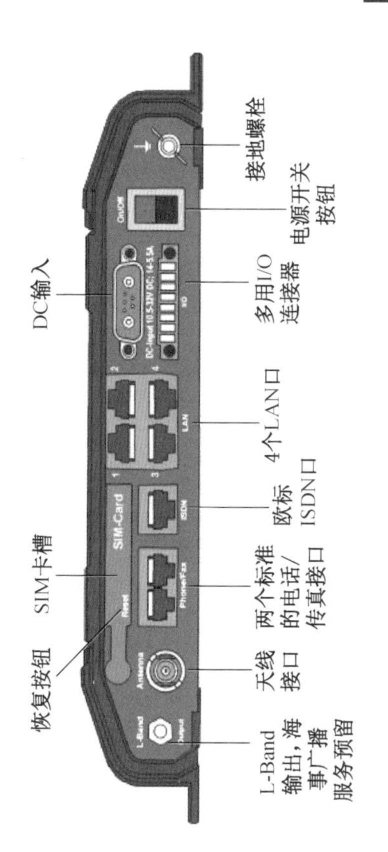

图4-4 BGAN 727 接口

◎ 操作步骤：

1. 插入 SIM 卡

如图 4-5 所示，找到 SIM 卡接口，插入 SIM 卡。安装 SIM 卡和连接电源之前，确保所有相关的电缆接口均已连接。

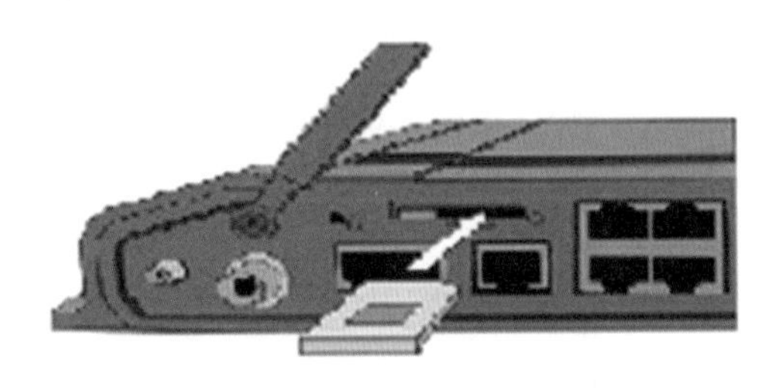

图 4-5　SIM 卡接口

2. 开关设备

按电源开关，电源指示灯亮为开机，电源指示灯熄灭为关机。

3. 使用流程

开机后系统自动寻找卫星，自动与卫星网络建立连接，手柄自动点亮，手柄显示过程如下：

（1）Initializing：设备进行初始化。这个过程会很短，有可能看不到此信息。

（2）ConnectingToBGAN：登录到 BGAN 网络。

（3）Nosatelliteservice：搜索到网络之后，在 Inmarsat 的网络里进行注册。

（4）EXPLORER：注册完毕，可以拨打电话或上网。

终端在进入待机状态后，手柄显示屏如图 4-6 所示。

图 4-6　手柄显示屏

手柄显示屏显示标志含义见表 4-2。

表 4-2　显示屏显示标志含义

标志	含义
	BGAN 终端登录状态（信号状态）
	信号值

表 4-2（续）

标志	含义
	手柄就绪，可以进行电话呼叫
	手柄暂时未就绪

4. 电话呼叫

（1）拨打座机。按 00〈国家代码〉〈地区区号（前缀 0 省略）〉〈电话号码〉，最后按拨出键。

示例：若要拨打位于北京的座机 01065290000，则按 00861065290000 拨出键。

（2）拨打手机。按 00〈国家代码〉〈手机号码〉，最后按拨出键。

示例：若要拨打中国境内的手机 13800000000，则按 008613800000000 拨出键。

（3）拨打海事卫星电话。按 00〈海事卫星代码〉〈语音号码〉，最后按拨出键。

示例：若要拨打海事卫星电话 870772270000，则按 00870772270000 拨出键。

4.1.3 BGAN 便携终端（BGAN710 型）

» 外观：如图 4-7、图 4-8 所示。

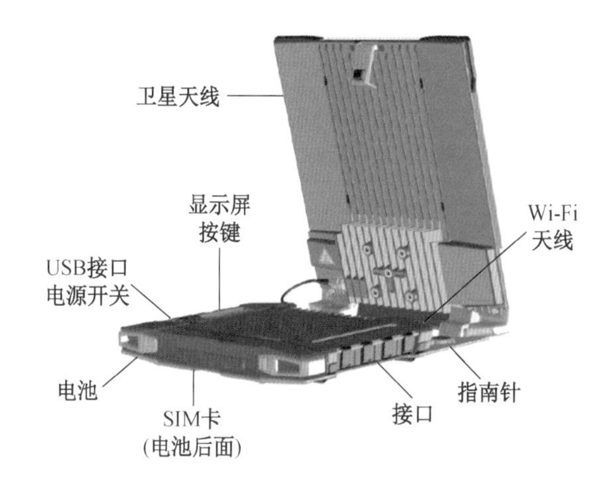

图 4-7 BGAN710 部件图

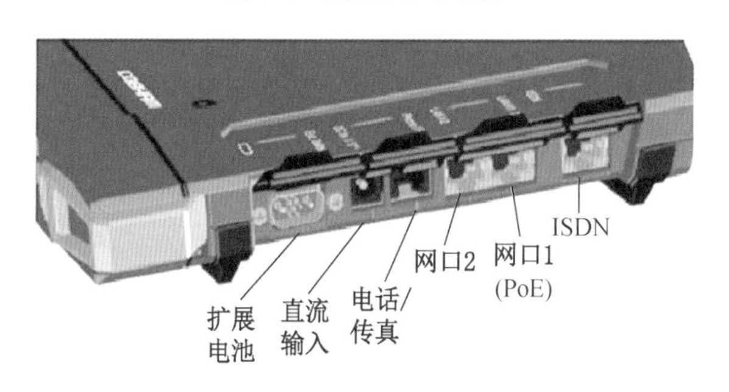

图 4-8 BGAN710 接口图

◎ 基本功能：全球通信（南北极除外），传输语音、数据、视频信息。

◎ 主要技术参数：见表4-3。

表4-3　主要技术参数

型号	BGAN710
质量	3.5 kg
接口	以太网接口2个；ISDN接口1个；电话/传真接口1个
频率	1518.0～1525.0 MHz（Rx）（EMEA，欧洲、中东、非洲地区） 1525.0～1559.0 MHz（Rx） 1626.5～1660.5 MHz（TX） 1668.0～1675.0 MHz（Tx）（EMEA，欧洲、中东、非洲地区）
数据	标准数据：最高492 kbps；保证带宽数据：32，64，128，256 kbps 高速数据：不低于600 kbps
工作温度	-25～55 ℃
防护等级	主机IP52；天线IP66
电源	10～32 V（DC）

◎ 操作步骤：

1. 安装 SIM 卡

安装电池位置，可在主机上看到 SIM 卡卡槽，如图 4-9 所示。

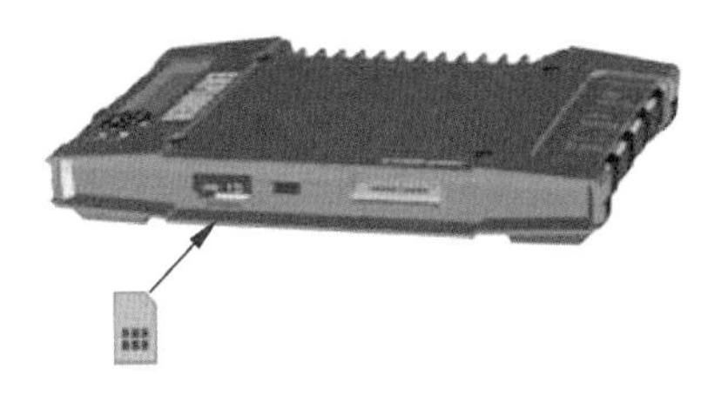

图 4-9 SIM 卡安装

2. 电池安装

如图 4-10 所示，插入电池，轻按到锁定位置。连接外部电源即可对电池充电。

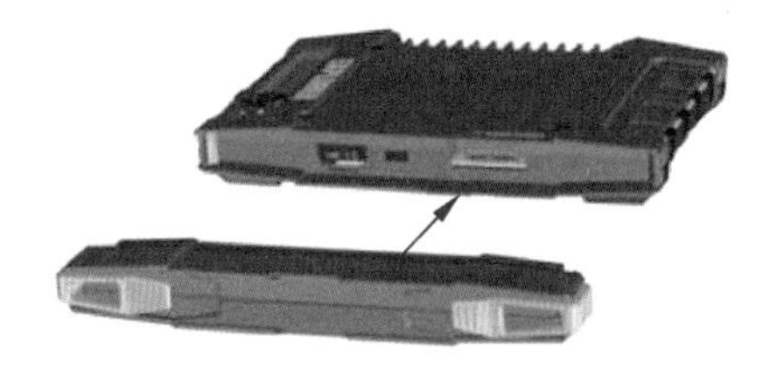

图 4-10 电池安装

3. 天线与主机

BGAN710 可将主机和天线分开架设，天线放在室外，主机放在室内使用。

请执行如图 4-11 所示的操作。

(a) 向外滑动底部的锁，分离主机与天线

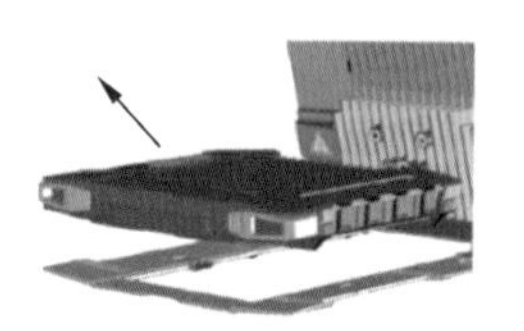

(b) 取出主机

(c) 拆除短电缆

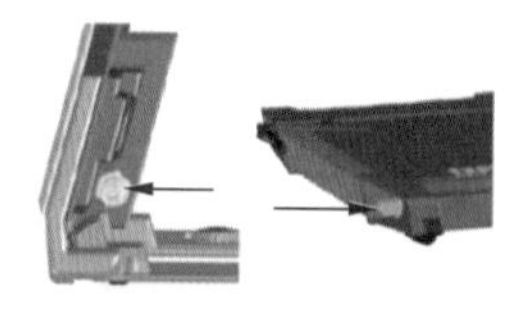

(d) 用一根长电缆连接主机与天线

图 4-11　主机与天线分离和安装长天线

4. 开关机

(1) 开机：如图 4-12 所示，滑动并按住电源按钮

2 s，直到 Status 指示灯亮起。当 Status 指示灯缓慢闪烁或者持续绿色时，松开按钮，开机完成。

（2）关机：如图 4-12 所示，滑动并按住电源按钮 2 s，直到 Status 指示灯变为黄色闪烁状态，松开按钮，设备关机。

图 4-12　电源开关

5. 显示屏说明

显示屏如图 4-13 所示，面板说明见表 4-4。

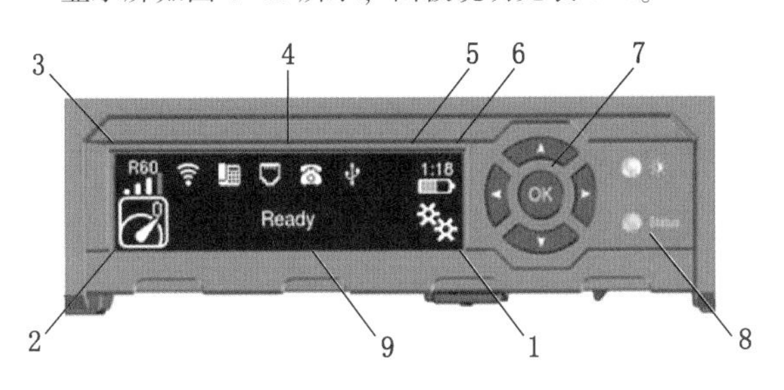

图 4-13　显示屏

表 4-4 显示屏面板说明

标号	名称	作用说明
1	菜单	打开显示菜单
2	连接	允许开始数据连接
3	卫星信号的强度	显示卫星连接的信号强度与波束类型 （G：全球波束，R：区域波束，N：窄波束）
4	接口打开/关闭	用于打开或关闭接口，从左至右依次是 WLAN、ISDN、LAN、电话、USB
5	警告	显示是否有警告消息
6	电池状态	显示内部电池和外部电池（如果已连接）的状态
7	导航键盘	用于在可用选项中移动（箭头键）并选择这些选项（OK）
8	Status 指示灯	显示状态
9	状态文字	显示网络连接的当前状态

6. 天线对星

对星之前，参照海事卫星 BGAN 系统覆盖图（图 4-14）找到卫星的大概位置。然后使用指南针判断指向最近卫星的方向。

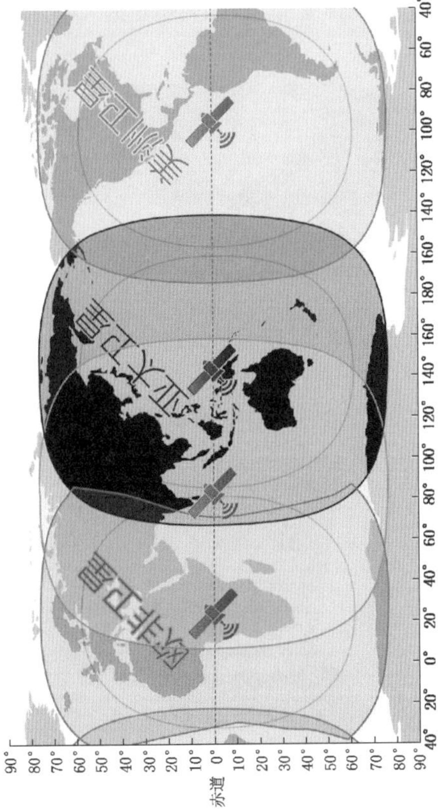

图 4-14 海事卫星 BGAN 系统覆盖图

（1）使用指南针找到天线面对卫星的大概方向，如图 4-15 所示。

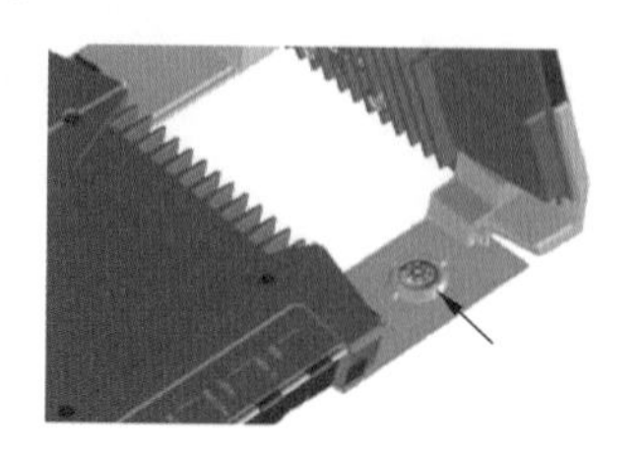

图 4-15　指南针

（2）使用显示屏和定位提示音，慢慢调整天线方位和仰角，找到最高信号强度，如图 4-16、图 4-17 所示。

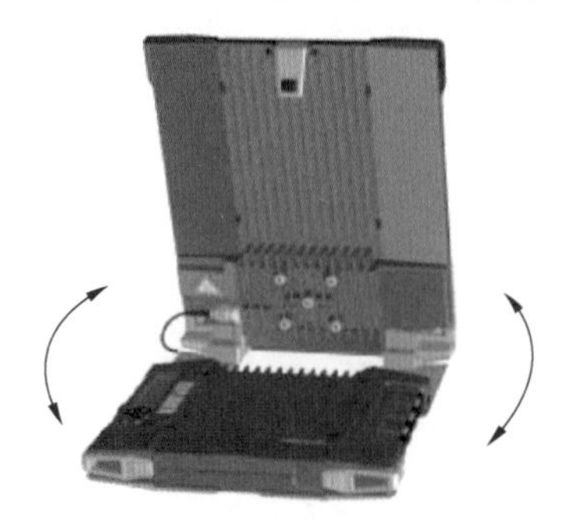

图 4-16　方位调节

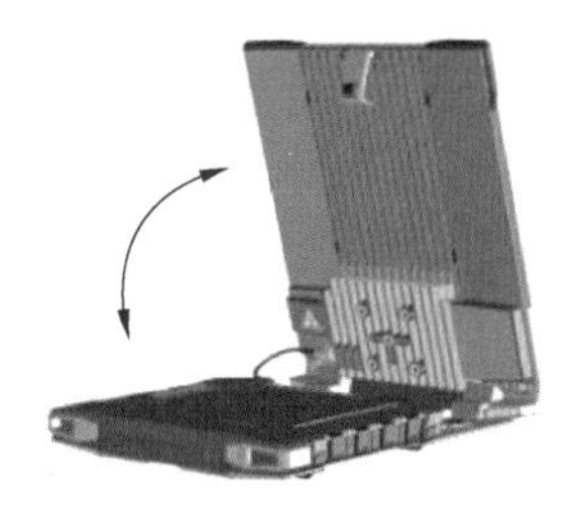

图 4-17 俯仰调节

（3）找到最高信号强度之后（接收卫星信号强度≥50 dBHz），按显示屏键盘上的“OK”键，如图 4-18 所示。

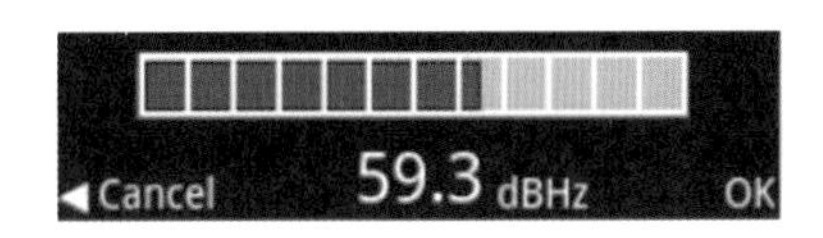

图 4-18 信号强度

7. 连接以太网

1）标准数据

通过导航键选择打开 LAN 或 WLAN，设备与 WLAN 或 LAN 接口相连时，将以标准数据模式连接以太网。通过标准数据连接，可以浏览网页，发送电子邮件等。

2）启动独享带宽或流媒体

从显示屏选择启动其他网络连接模式，请执行以下操作：

（1）选择显示屏左下角的数据连接图标，如图4-19所示。

图4-19　对星完成状态

（2）使用导航键选择，按“OK”后进入套餐选择界面，选择工作所需的连接模式，然后按“OK”启动。套餐带宽标准见表4-5。

表4-5　套餐带宽标准

名称	带　宽
Standard data	最大492 kbps
HDR Full Symmetric	HDR全信道同步（650 kbps/650 kbps）
HDR Full Asymmetric	HDR全信道异步（650 kbps/64 kbps）
HDR Half Symmetric	HDR半信道同步（325 kbps/325 kbps）

表4-5（续）

名称	带　宽
HDR Half Asymmetric	HDR半信道异步（325 kbps/64 kbps）
256 Streaming	256 kbps
176 Streaming	176 kbps
128 Streaming	128 kbps
64 Streaming	64 kbps

8. 拨打电话

对星完成后，屏幕显示“READY”或“准备完成”，如图4-20所示，将普通电话接入电话/传真接口，即可拨打电话，拨号规则如下：

（1）拨打座机。按00〈国家代码〉〈地区区号（前缀0省略）〉〈电话号码〉，最后按#。

示例：若要拨打位于北京的座机01065290000，则按008610652900000#。

（2）拨打手机。按00〈国家代码〉〈手机号码〉，最后按#。

示例：若要拨打中国境内的手机13800000000，则按008613800000000#。

（3）拨打海事卫星电话。

按00〈海事卫星代码〉〈语音号码〉，最后按#。

示例：若要拨打海事卫星电话 870772270000，则按 00870772270000#。

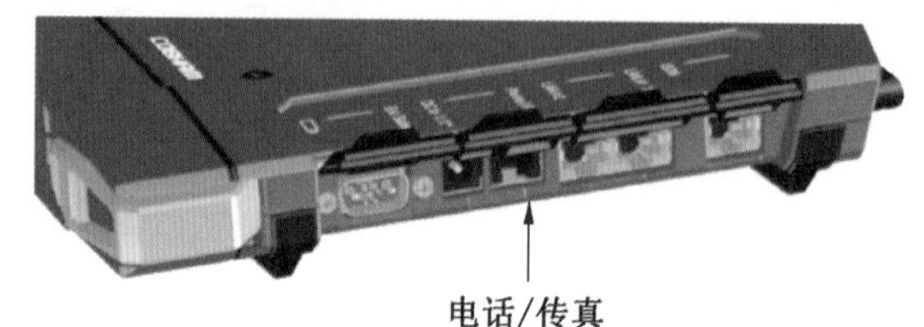

图 4-20　电话/传真接口

4.1.4　海事 Ka 卫星便携站（6075LX 型）

◎ 外观：如图 4-21 所示。

图 4-21　海事卫星 Ka 便携站

◎ 基本功能：提供全球（南北极除外）范围内高速数据、视频信息传输服务。

◎ 主要技术参数：见表 4-6。

表 4-6 主要技术参数

型号	6075LX
装箱质量	主机：23 kg； 天线和馈源：20 kg
频率	接收：19.2~20.2 GHz； 发射：29~30 GHz
增益（dBi±0.2）	接收：41；发射：45
极化	圆极化
G/T（品质因数）	18.7
EIRP（等效全向辐射功率）	52 dBW
BUC（上变频功率放大器）功率	5 W
天线尺寸	75 cm

◎ 操作步骤：

1. 天线组装

天线组装流程如图 4-22 所示。

（1）打开主机箱。

（2）将主机放在水平地面上，并展开两个支撑腿。

（3）放置天线：在北半球时，显示屏朝北；在南半球时，显示屏朝南。

（4）旋转支撑腿黑色旋钮调节高度，以使底座水平并达到稳定。

（5）松开俯仰调节臂上的两个手拧螺钉。

（6）从天线箱中取出功放馈源组件。

（7）将功放馈源组件插入俯仰调节臂上的孔位，同时拧紧两个手拧螺钉。

（8）松开功放馈源组件上的四个锁定机构。

（9）打开四个天线面板的包装。

（10）插入两个到底部面板，将它们沿每个面板的边缘闩锁，然后将锁定装置固定在馈源上。

（11）插入并闩锁两个上面板，然后将锁定装置固定在馈源上。

（12）取出馈电喇叭，并将其拧入馈源中心孔。请勿触摸副反射镜，否则很容易损坏。

（13）连接电缆：BUC 电源电缆到圆形 MIL 连接器；将（红色，Tx）同轴电缆（N）传输到 BUC 传输端口；将（蓝色，Rx）同轴电缆（TNC）接收到 LNB 接收端口。

(a) 步骤(1)

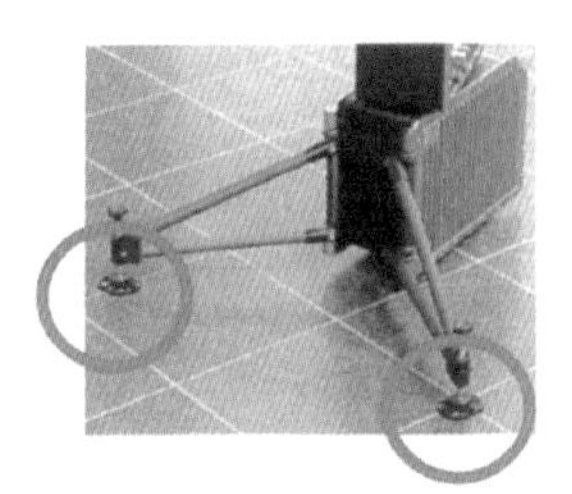

(b) 步骤(2)(3)(4)

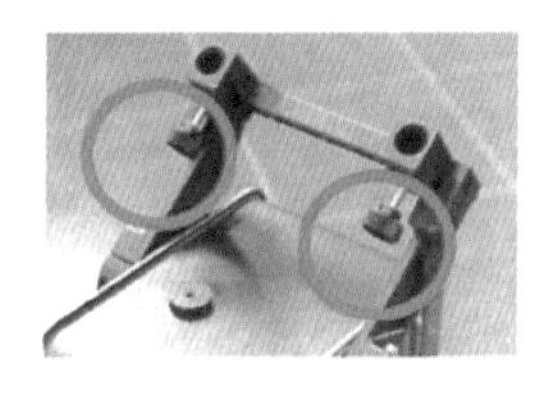

(c) 步骤(5)

(d) 步骤(6)

(e) 步骤(7)

(f) 步骤(8)

(g) 步骤(9)(10)

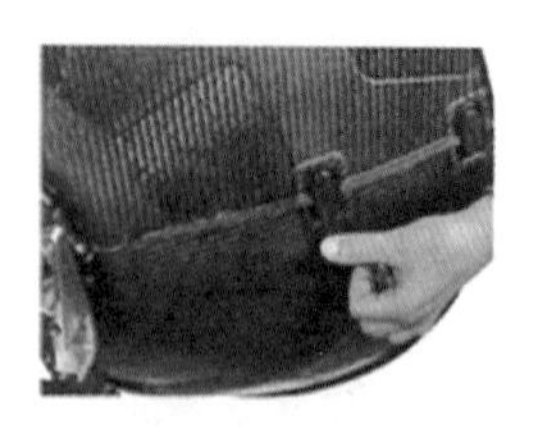

(h) 步骤(11)-1

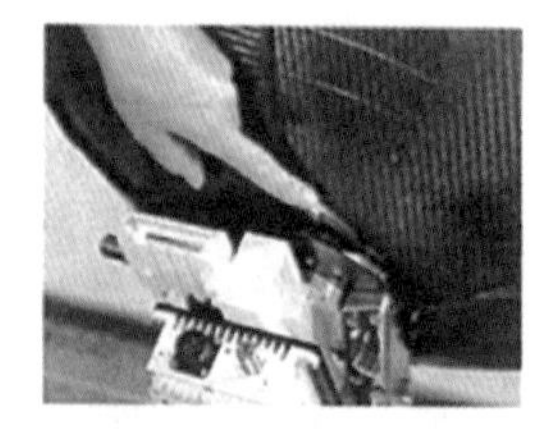

(i) 步骤(11)-2

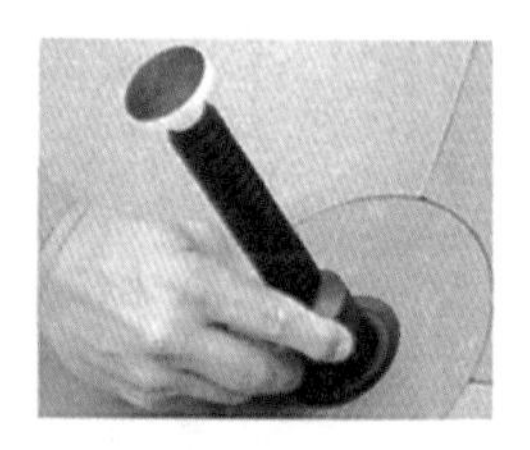

(j) 步骤(12)

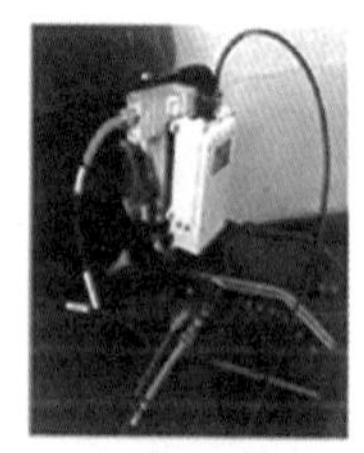

(k) 步骤(13)-1

(l) 步骤(13)-2

图 4-22 天线组装流程

2. 天线使用

1）电源连接

如图 4-23 所示，将电源插头插入设备电源插孔，如果要使用其他电源，则可以使用系统随附的开放式电源线。将电源中的红色导线连接到正极（V+），黑色导线连接到负极（V-）。

图 4-23 电源接口

2）开机

（1）如图 4-24 所示，按下“ON/OFF”按钮，系统通常会在 5 min 之内自动获取网络。

（2）如图 4-25 所示，建立连接后，显示屏将显示“TRACKING”。等待“MDM”状态显示“NETOK”，开机成功。

图 4-24　电源开关

图 4-25　显示屏状态

3）联网使用

（1）当“MDM”显示“NETOK”时，表示设备入网完成，使用网线将 PC 连接端口 2 或端口 3，如图 4-26 所示。

（2）设置 PC 上网络地址为自动获取，获取到地址后可正常访问互联网。

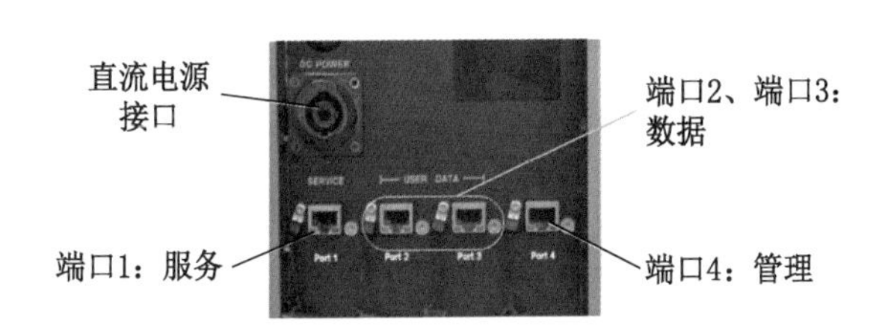

图 4-26 设备接口

4）下载用户和安装手册

登录官方网站 https：//sync. cobham. com，或直接从终端下载用户与安装手册。要从终端下载手册，请执行以下操作：

（1）如图 4-27 所示，将 PC 连接到 SERVICE 服务的端口 1。

（2）打开浏览器并访问 http：//192. 168. 0. 1（端口 1 的默认设置）的 Web 界面。

（3）以访客或管理员身份登录。首次登录请参阅"5）管理员首次登录"。

（4）单击"HELPDESK"，然后单击"支持"。

（5）单击链接，下载手册。

图 4-27　服务接口

5）管理员首次登录

要以管理员身份登录，请执行以下操作：

（1）将 PC 连接到端口 1。

（2）在设备键盘上，按住左箭头键 5 s。

（3）等待简短显示本地管理，然后显示错误代码“0807F-0”警告，启用本地管理；临时管理员权限为 1 h 或直到下次启动之前。

（4）如图 4-28 所示，打开浏览器并访问 http：//192.168.0.1（默认）的 Web 界面。

（5）输入用户名“admin”（不需要密码），然后单击“登录”。

（6）在管理>用户登录界面，更改管理员密码。

Enter user name and password

Login

User name:

Password:

Login Cancel

New installation or forgot administrator password?

图 4-28 登录界面

4.2 铱星手持机（9555 型）

- 外观：如图 4-29 所示。

图 4-29 铱星电话

- 基本功能：提供全球范围语音通信。
- 主要技术参数：见表 4-7。

表 4-7　主要技术参数

型号	9555
质量/kg	0.27
尺寸/(cm×cm×cm)	14.3×5.5×3
电源适配器输入	100~240 V 0.3 A
电池待机时间/h	30（理论）
电池通话时间/h	4（理论）

» 操作步骤：

1. 天线对星

在周围无遮挡物环境下将手持机顶部的天线拉出，直上对准天空即可。

2. 开机启动

（1）按住电源键 5 s 开启，如图 4-30 所示。

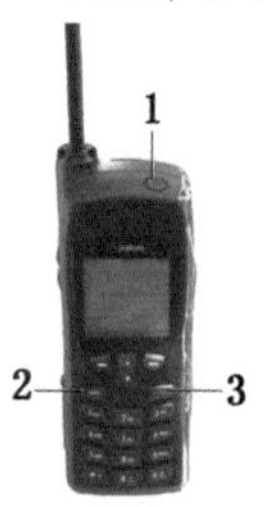

1—电源；2—接听；3—挂断

图 4-30　主机按键

（2）开机时屏幕显示的画面，如图 4-31 所示。

图 4-31 开机界面

（3）手持机开始搜救卫星信号并自动注册，如图 4-32 所示。

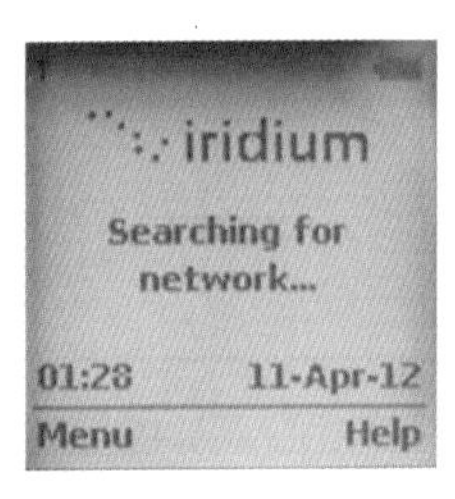

图 4-32 搜索网络

（4）当出现“Registered”或“已注册”时可以拨打电话，如图 4-33 所示。

图 4-33　注册

（5）拨号后显示如图 4-34 所示。

图 4-34　拨打电话

3. 拨号方式

（1）拨打座机。按 00〈国家代码〉〈地区区号（前缀 0 省略）〉〈电话号码〉，最后按拨出键。

示例：要拨打位于北京的座机 01065290000，则按

00861065290000 拨出键。

（2）拨打手机。按 00〈国家代码〉〈手机号码〉，最后按拨出键。

示例：要拨打中国境内的手机 13800000000，则按 008613800000000 拨出键。

后勤装备

5 后勤装备

5.1 办公装备

5.1.1 84A 碳纤维班组帐篷

外观：如图 5-1 所示。

图 5-1 84A 班组碳纤维帐篷

基本功能：主要用于灾害现场住宿和办公，可在 -30~65 ℃环境下使用。

主要技术参数：见表 5-1。零部件技术参数及分包明细：见表 5-2。

◎ 注意事项：

（1）撤收时，切勿在地面拖拉篷布，以免弄脏和撕裂篷布。

（2）雨、雪和大风后要检查篷顶及四周有无积水、积雪和拉绳松脱情况，若有须及时调整，保持帐篷处于正常状态。

（3）帐篷零部件不得挪为他用，不许将篷架受力构件作为撬、抬杠用。

（4）帐篷包装袋、铁锤等应随帐篷妥善保存，不得丢失，以备下次再用。

表 5-1 主要技术参数

型号	84A 班组
展开尺寸/(m×m×m)	3.9×3.7×2.6
使用面积/m^2	14.43
可容纳人数	12 人
篷布面布材料	28×2 涤纶防水帆布
篷布里布材料	150D 牛津布
保温层材料	3 mm 针刺毡
抗风等级	8 级
积雪荷载/mm	80

表 5-2 零部件技术参数及分包明细

编号	名称	数量	单位	包装件尺寸/（m×m×m）	包装件体积/ m^3	包装件质量/kg
7-1	篷顶	1	件	0. 8×0. 6×0. 45	0. 216	42. 5
	拉绳、木板	8	套			
	帆布床面	12	张			
7-2	前围墙	1	片	0. 8×0. 6×0. 45	0. 216	46
	后围墙	1	片			
	软玻璃片	4	片			
	地桩	8	根			
	铁锤	1	把			
7-3	顶架	3	榀	2. 13×0. 16×0. 11	0. 037	12. 5
7-4	檩条	6	根	1. 91×0. 09×0. 06	0. 010	9. 2
7-5	立柱	9	根	1. 78×0. 12×0. 12	0. 026	12. 5
7-6	床梁	8	根	1. 96×0. 14×0. 12	0. 033	20. 3
7-7	床边杆	14	根	1. 82×0. 13×0. 13	0. 031	12. 5
合计	质量：155. 5 kg　体积：0. 569 m^3					

5.1.2 93A 碳纤维帐篷

外观：如图 5-2 所示。

图 5-2 93A 碳纤维帐篷

基本功能：主要用于灾害现场住宿、办公、仓储等，可在-30~65 ℃环境下使用。

主要技术参数：见表 5-3。零部件技术参数及分包明细：见表 5-4。

表 5-3 主要技术参数

型号	93A
展开尺寸/(m×m×m)	4.4×4.6×2.57
篷布面布材料	28×2 涤纶防水帆布
篷布里布材料	150D 牛津布
保温层材料	3 mm 针刺毡
抗风等级	8 级
积雪荷载/mm	80

表 5-4 零部件技术参数及分包明细

<table>
<tr><th>序号</th><th>名称</th><th>数量</th><th>单位</th><th>包装件尺寸/
(m×m×m)</th><th>包装件体积/
m³</th><th>包装件质量/
kg</th></tr>
<tr><td rowspan="7">3-1</td><td>篷顶</td><td>1</td><td>件</td><td rowspan="7">0. 9×0. 6×0. 6</td><td rowspan="7">0. 324</td><td rowspan="7">71</td></tr>
<tr><td>风绳、木板</td><td>8</td><td>套</td></tr>
<tr><td>玻璃片</td><td>4</td><td>片</td></tr>
<tr><td>前山墙</td><td>1</td><td>片</td></tr>
<tr><td>后山墙</td><td>1</td><td>片</td></tr>
<tr><td>地桩</td><td>8</td><td>根</td></tr>
<tr><td>铁锤</td><td>1</td><td>把</td></tr>
<tr><td rowspan="4">3-2</td><td>顶架</td><td>3</td><td>榀</td><td rowspan="4">2. 6×0. 2×0. 13</td><td rowspan="4">0. 068</td><td rowspan="4">18. 5</td></tr>
<tr><td>立柱</td><td>6</td><td>根</td></tr>
<tr><td>拉筋</td><td>4</td><td>套</td></tr>
<tr><td>门立柱</td><td>4</td><td>根</td></tr>
<tr><td>3-3</td><td>檩条</td><td>6</td><td>根</td><td>2. 2×0. 09×0. 06</td><td>0. 012</td><td>8. 7</td></tr>
<tr><td>合计</td><td colspan="6">质量：98. 2 kg　体积：0. 404 m³</td></tr>
</table>

注意事项：

（1）选择平整场地，切勿拖拉帐篷。

（2）不要使帐篷接触腐蚀性物品和油污。

（3）启用、包装时清点零部件。

（4）帐篷架设后，四周修排水沟。

5.1.3 37 m^2 Ⅵ型网架帐篷

外观：如图 5-3 所示。

图 5-3　37 m^2 Ⅵ型网架帐篷

基本功能：支杆可折叠一体化，帐篷具有隔热保温功能，一般用于队伍的指挥、医疗、餐厅等，此帐篷加挂暖风/冷气系统，可在-30~65 ℃环境下使用。

主要技术参数：见表 5-5。零部件技术参数及分包明细：见表5-6。

表5-5　主要技术参数

型号	37 m² Ⅵ型
展开尺寸（长度×宽度×高度）/（m×m×m）	11. 7×4. 1×3. 16
使用面积/m²	37. 28
抗风等级	8级
积雪荷载/mm	80

表5-6　零部件技术参数及分包明细

序号	包装品名	零部件名称	单位	数量	质量/kg	备注
1	帐篷包	帐篷主体	顶	1	185. 6	内外篷布与骨架连为一体，拉绳及拉绳板连接在帐篷的相应位置拉环内
		地布	块	1		
		架设杆	根	6		
		包装袋	个	1		

表 5-6（续）

<table>
<tr><th>序号</th><th>包装品名</th><th colspan="2">零部件名称</th><th>单位</th><th>数量</th><th>质量/kg</th><th>备注</th></tr>
<tr><td rowspan="9">2</td><td rowspan="9">附件包</td><td colspan="2">外连接通道</td><td>件</td><td>1</td><td rowspan="9">42. 6</td><td rowspan="9">地桩袋装入附件包内</td></tr>
<tr><td colspan="2">内连接通道</td><td>件</td><td>1</td></tr>
<tr><td colspan="2">大窗玻璃</td><td>块</td><td>12</td></tr>
<tr><td colspan="2">小窗玻璃</td><td>块</td><td>4</td></tr>
<tr><td rowspan="4">地桩袋</td><td>地桩</td><td>个</td><td>18</td></tr>
<tr><td>钩桩</td><td>个</td><td>10</td></tr>
<tr><td>铁锤</td><td>把</td><td>2</td></tr>
<tr><td>地桩袋</td><td>个</td><td>2</td></tr>
<tr><td colspan="2">附件包装袋</td><td>个</td><td>1</td></tr>
<tr><td>3</td><td colspan="3">维修包</td><td>个</td><td>1</td><td>2. 0</td><td rowspan="2">备件及工具见使用说明书</td></tr>
<tr><td>4</td><td colspan="3">维修杆件包</td><td>个</td><td>1</td><td>3. 8</td></tr>
<tr><td>5</td><td colspan="3">铁网式包装箱</td><td>个</td><td>1</td><td>52. 0</td><td>内装所有部件、备件</td></tr>
<tr><td colspan="6">总质量</td><td>286. 0</td><td></td></tr>
</table>

注意事项：

（1）在搬运和架设过程中，帐篷主体要抬起搬运，不能在地面上拖磨，以免损坏帐篷。

（2）帐篷正常贮存时间为 5 年，贮存期内应保持库内干燥，帐篷整洁，最大码垛高度为 3 层。

（3）帐篷撤收前务必卷起门帘。

（4）架、撤过程中要协调统一，不能抓住杆件抬、移帐篷。

（5）篷内钢丝绳圈可挂小物件，不能挂过重物品。

5.1.4 五人帐篷

◎ 外观：如图 5-4 所示。

图 5-4 五人帐篷

◎ 基本功能：可供五人居住和使用，具有良好的防雨、防蚊、防虫功能。主要用于门岗、隔离、小型物资储备等，可在-30~65 ℃环境下使用。

主要技术参数：见表 5-7。零部件技术参数及分包明细：见表 5-8。

表 5-7　主要技术参数

展开尺寸/(m×m×m)	2.5×2.5×2.86
使用面积/m^2	6.25
包装尺寸/(m×m×m)	1.6×0.4×0.3
质量/kg	36.4

表 5-8　零部件技术参数及分包明细

部件名称	数量	单位	备注
帐篷主体	1	件	骨架、篷围、吊顶、拉绳等组装成一体
铺地布	1	块	
地桩	4	根	装入地桩袋
锤子	1	把	装入地桩袋
窗玻璃	7	块	
地桩袋	1	个	集装地桩、锤子
包装袋	1	个	总装帐篷所有部件

◎ 注意事项：

（1）帐篷搭建后，一定做好拉纤，避免帐篷因风吹翻倒。

（2）不得在地面上随意拖拉，以免脏污帐篷或出现不应有的撕裂、破损。

（3）遇雨天撤收的帐篷，天晴后及时晒干、清理干净。受潮的帐篷不允许长期存放。

5.1.5 高压充气帐篷（24 m^2/36 m^2/42 m^2 型）

◎ 外观：如图 5-5 至图 5-7 所示。

◎ 基本功能：可提供 24~42 m^2 的使用空间，在灾害现场用于住宿、办公、库房、餐厅等。

图 5-5 24 m^2 高压充气帐篷

图 5-6　36 m^2 高压充气帐篷

图 5-7　42 m^2 高压充气帐篷

主要技术参数：见表5-9。帐篷规格：见表5-10。零部件技术参数及分包明细：见表5-11。

表5-9 主要技术参数

项目	参数
外篷材质	蓝色PVC双面涂层材料，克重≥750 g/m^2
内衬材质	灰色PVC双面涂层夹网布，克重≥420 g/m^2
抗风等级	8级
积雪荷载/mm	80
气柱压力/MPa	≥0.5
气泵公称容积流量/($m^3 \cdot min^{-1}$)	0.25
气泵额定排气压力/MPa	1.2
气泵质量/kg	23
额定电压/V	220
额定电流/A	10

表 5-10　高压充气帐篷规格

面积/m^2	尺寸/(m×m×m)	质量/kg	包装体积/m^3
24	4.0×6.0×3.0	313	1.8
36	6.0×6.0×3.0	360	2.509
42	7.0×6.0×3.0	381.5	2.509

表 5-11　零部件技术参数及分包明细

名称	数量	单位
主体帐篷	1	顶
长 4 m 直径 8 mm 黑色拉绳	6	根
500 mm 长角形地钎	6	根
3P 锤子	1	把
维修胶（内含小刷子）	1	管
维修片外篷料	5	片
维修片地布料	5	片
充气泵	1	套
排气泵	1	套

注意事项：

（1）不得与尖硬物体接触，以免划伤帐篷。不得接近高温物体及明火。

（2）要根据天气温度的变化，适当调整气压，适时进行充、放气。

（3）存放环境：-30~65 ℃。

5.1.6 低压充气帐篷（20 m² 型）

外观：如图 5-8 所示。

图 5-8 20 m² 低压充气帐篷

基本功能：用于灾害现场住宿、临时指挥办公室、物资库房、临时餐厅食堂等。

主要技术参数：见表 5-12。零部件技术参数及分包明细：见表 5-13。

表 5-12　主要技术参数

型号	20 m^2
展开尺寸/(m×m×m)	5×4×2.6
内部尺寸/(m×m×m)	4.52×3.52×2.36
使用面积/m^2	15.9
抗风等级	8 级
积雪荷载/mm	80

表 5-13　零部件技术参数及分包明细

名称	数量	单位
主体帐篷	1	顶
长 4 m 直径 8 mm 黑色拉绳	8	根
500 mm 长角形地钎	8	根
3P 锤子	1	把
维修胶（内含小刷子）	1	管
维修片外篷料	5	片
维修片地布料	5	片
充气泵	1	套

注意事项：

（1）不得与尖硬物体接触，以免划伤帐篷。不得接近高温物体及明火。

（2）要根据天气温度的变化，适当调整气压，适时进行充、放气。

（3）存放环境：-30~65 ℃。

5.1.7 低压充气帐篷（24 m² 型）

外观：如图 5-9 所示。

基本功能：主要用于灾害现场住宿，可一体式充、排气，具有良好的气密性。

图 5-9 24 m² 低压充气帐篷

主要技术参数：见表 5-14。

表 5-14 主要技术参数

型号	24 m^2
展开尺寸/(m×m×m)	5.5×4.5×2.8
内部尺寸/(m×m×m)	5.02×4.02×2.56
使用面积/m^2	20.2
产品总质量/kg	130
工作压力/kPa	18~22
充气时间/min	3~5
抗风等级	8 级
积雪荷载/mm	100

◎ 注意事项：

（1）不得与尖硬物体接触，以免划伤帐篷气柱，不得接近高温物体及明火。

（2）要根据天气温度的变化，适当调整气压，适时进行充、放气。

（3）存放环境：-30~65 ℃。

5.1.8 营地厕所帐篷

◎ 外观：如图 5-10 所示。

图 5-10　营地厕所帐篷

◎ 基本功能：主要用于灾害现场厕所，可满足 8~10 人使用。

◎ 主要技术参数：见表 5-15。零部件技术参数及分包明细：见表 5-16。

表 5-15　主要技术参数

型号	营地厕所帐篷
展开尺寸/(m×m×m)	3.9×2.4×2.6
蹲坑数	4 组
抗风等级	8 级
积雪荷载/mm	80

表 5-16　零部件技术参数及分包明细

包装件编号	质量/kg	体积/m^3	包装名称	单位	数量	名称	单位	数量
4-1	36.5	0.072	厕所帐篷（篷体）	组	1	篷顶	件	1
						围墙	件	1
						隔帘	件	4
						长 6.5 m 直径 6 mm 拉绳	根	2
						长 4 m 直径 6 mm 拉绳	根	6
						检验单	张	1
						使用说明书	份	1
4-2	51.0	0.092	厕所帐篷（框架）	套	1	三角桩	根	6
						三角桩袋	个	1
						通用杆	根	10
						屏风柱杆	根	3

表 5-16（续）

包装件编号	质量/kg	体积/m^3	包装名称	单位	数量	名称	单位	数量
4-2	51.0	0.092	厕所帐篷（框架）	套	1	角柱杆	根	1
						中柱杆	根	2
						山墙柱杆	根	3
						屏风短梁	根	10
						山墙长梁	根	4
						斜梁	根	4
						中斜梁	根	2
						端架三通	根	2
						中架四通	件	1
						T 形三通	件	6
						直角二通	件	4

表 5-16（续）

包装件编号	质量/kg	体积/m^3	包装名称	单位	数量	名称	单位	数量
4-2	51.0	0.092	厕所帐篷（框架）	套	1	山墙杆套管	件	2
						柱底四通	件	3
						屏风延伸杆	件	2
						柱底三通	件	5
						钢丝拉绳	件	1
						杆件包装袋	个	1
4-3	50.5	0.214	厕所帐篷（蹲便器座架）	组	2	蹲便器座架	组	2
						隔帘架	个	4
						蹲便器座架包装袋	个	1

表 5-16（续）

包装件编号	质量/kg	体积/m^3	包装名称	单位	数量	名称	单位	数量
4-4	22	0.216	厕所帐篷（蹲便器、排泄物收集箱）	组	4	蹲便器	只	4
						活动人字板	块	8
						固定人字板螺丝	只	12
						脚踏清理器	套	4
						帐篷厕所专用袋	只	20
						螺丝刀	把	1
						检验单	份	1
						使用说明书	份	1
						配件袋	只	1
						排泄物收集箱	个	4
						纸箱	个	1
合计	质量：160 kg　体积：0.594 m^3							

◎ 注意事项：

（1）架设和撤收时，切勿在地面上拖拉篷体。

（2）使用过程中，应保持各部件的清洁，围墙脏污应随时冲洗。

5.1.9 单人厕所帐篷（YZPT-AIRT 型）

◎ 外观：如图 5-11 所示。

图 5-11 YZPT-AIRT 单人厕所帐篷

◎ 基本功能：野外厕所。

◎ 主要技术参数：见表 5-17。

表 5-17 主要技术参数

型号	YZPT-AIRT
帐篷展开尺寸/(m×m×m)	1.165×1.165×2.15
外篷材料	蓝色 PVC 双面涂层材料，克重≥750 g/m^2
帐篷气柱材料	灰色 PVC 材料，克重≥850 g/m^2
充排一体泵额定电压/V	220~240
充排一体泵功率/kW	2
充排一体泵质量/kg	3
泵体尺寸/(mm×mm×mm)	300×175×225

注意事项：

(1) 不得与尖硬物体接触，以免划伤帐篷，不得接近高温物体及明火。

(2) 要根据天气温度的变化，适当调整气压，适时进行充、放气。

(3) 存放环境：-30~65 ℃。

5.1.10 全方位自动泛光灯组（FW6133 型）

外观：如图 5-12 所示。

图 5-12　FW6133 全方位自动泛光灯组

◎ 基本功能：用于在行动基地提供场地照明，可外接市电或发电机进行使用。

◎ 主要技术参数：见表 5-18。

表 5-18　主要技术参数

型号	FW6133
电池额定电压/V	（DC）14.4
电池额定容量/(A·h)	10
照明最大功率（聚光+泛光）/W	600

表 5-18（续）

项目		参数
10 m 处最大初始照度/lx		1000
锂电池组供电照明时间（灯光 10% 功率应急工作，常温下）/h		≥1
电池使用寿命/次		≥500
220 V 输入充电时间/h		<5
外形尺寸	收缩状态/（mm×mm×mm）	390×643×1385
	升起状态/（mm×mm×mm）	390×643×4500
质量/kg		70±1
使用环境/℃		-20~40
音频格式		MP3
喇叭功率/W		30
防护等级	灯头	IP65
	灯箱	IP65

注意事项：

（1）在环境温度较高的场所充电或连续放电时，灯头表面温度升高属正常现象，应避免接触灯头金属部分。

（2）工作环境温度范围：-20~40 ℃。

（3）若产品超过三个月未使用需进行电池保养，电池按先放完电，后充满电的次序做一个充放电循环。

5.2 生活装备

5.2.1 小型暖风机（JHRS-QYTY-24V5L5K-Ⅲ型）

外观：如图 5-13 所示。

图 5-13 JHRS-QYTY-24V5L5K-Ⅲ型暖风机

基本功能：主要用于灾害现场帐篷防寒取暖，具有升温快、体积小、质量轻、功率大等特点。

主要技术参数：见表 5-19。

表 5-19 主要技术参数

挡位	一挡	二挡	三挡	四挡	五挡
供热量/kW	0.8	1.5	2.5	3.5	5
燃料消耗量/L	0.1	0.2	0.3	0.4	0.6

表 5-19（续）

<table>
<tr><td colspan="3">消耗功率/W</td><td>15</td><td>20</td><td>30</td><td>40</td><td>50</td></tr>
<tr><td colspan="3">送风量/($m^3 \cdot h^{-1}$)</td><td>120</td><td>150</td><td>185</td><td>195</td><td>240</td></tr>
<tr><td rowspan="5">电源</td><td colspan="2">电源容量</td><td colspan="5">20 A·h</td></tr>
<tr><td colspan="2">额定电压</td><td colspan="5">24 V</td></tr>
<tr><td colspan="2">欠压保护</td><td colspan="5">21 V</td></tr>
<tr><td colspan="2">过压保护</td><td colspan="5">32 V</td></tr>
<tr><td colspan="2">电源补充方式</td><td colspan="5">（AC）220 V</td></tr>
<tr><td colspan="3">工作海拔</td><td colspan="5">0~4500 m</td></tr>
<tr><td colspan="3">噪声</td><td colspan="5">在额定工况下，距离设备 1 m 处，运行噪声≤65 dB（A）</td></tr>
<tr><td rowspan="2">质量和尺寸</td><td rowspan="2">主机</td><td>质量</td><td colspan="5">净质量 11.9 kg；包装状态总质量 22.1 kg</td></tr>
<tr><td>尺寸</td><td colspan="5">外形尺寸
339 mm×250 mm×430 mm
包装尺寸
550 mm×320 mm×470 mm</td></tr>
</table>

表 5-19（续）

<table>
<tr><td rowspan="2">质量和尺寸</td><td rowspan="2">电池</td><td>质量</td><td colspan="5">净质量 17.85 kg；包装状态总质量 41.75 kg（含两块电池）</td></tr>
<tr><td>尺寸</td><td colspan="5">外形尺寸
330 mm×18 mm×230 mm
包装尺寸
400 mm×44 mm×280 mm</td></tr>
<tr><td colspan="3" rowspan="2">环境适应性</td><td colspan="5">工作温度：−45~20 ℃</td></tr>
<tr><td colspan="5">贮存极限温度：−55~70 ℃</td></tr>
<tr><td colspan="3">环境温度</td><td>5 ℃以上</td><td>−5 ℃以上</td><td>−15 ℃以上</td><td>−30 ℃以上</td><td>−40 ℃以上</td></tr>
<tr><td colspan="3">柴油标号</td><td>0 号</td><td>−10 号</td><td>−20 号</td><td>−35 号</td><td>−50 号</td></tr>
</table>

操作步骤：

（1）燃料箱注入柴油。

（2）连接电缆线和电源。

（3）安装送风管和排烟管（排烟管请放置室外，禁止靠近易燃物品）。

（4）根据工作方式放置小型暖风机。

（5）长按“开/+”键，小型暖风机启动，调节增挡或减挡。

（6）长按“关/-”键，小型暖风机进入关机状态，待主机余热散去，风扇停止工作后，关闭电源开关。

注意事项：

（1）首次安装后，应重复开启数次以便彻底排除供油系统内的空气，使燃油管路充满燃油。

（2）不得在密闭空间内（如车库）使用多用途移动应急供热装置，以免尾气无法排出室外，造成室内人员中毒。

（3）只能使用轻柴油，禁止使用汽油等其他燃料，使用柴油时，请按照表 5-19，根据环境温度选择对应标号的柴油。

（4）更换低温燃油后，至少运行 15 min，以使燃油管路及燃油泵里注入新油。

（5）加油时设备必须关闭。

（6）运行期间，禁止打开外壳。

5.2.2 多功能高寒暖风机（PHJ-08/460/H 型）

外观：如图 5-14 所示。

基本功能：本设备用于高原高海拔地区供暖，每小时热风量超过 460 m^3，茶盘温度可达 200 ℃以上，可用于加热水或食物，同时提供稳定可靠的 5V-3A 的 USB 电源输出。

图 5-14　PHJ-08/460/H 多功能高寒暖风机

◎ 主要技术参数：见表 5-20。

表 5-20　主要技术参数

型号	PHJ-08/460/H
主要功能	取暖/供电/炊事
额定热功率/kW	5.5
额定电功率范围/W	30~80
燃油种类	国Ⅵ柴油
燃油热效率	>99%

表 5-20（续）

额定耗油量范围/($kg \cdot h^{-1}$)	0. 15~0. 45
采暖参考面积/m^2	45~100
进风温度/℃	<15
送风温度/℃	80~120
额定热风量/($m^3 \cdot h^{-1}$)	260
额定电压/V	（DC） 12
油箱容量/L	15
净重/kg	35
设备尺寸（长度×宽度×高度）/(mm×mm×mm)	520×317×747

操作步骤：

（1）检查设备完好度及配件完备度。

（2）在使用前安装电池接口、尾气冷凝管和尾气管。

（3）给机器加注合适标号的柴油。

（4）接通电源，启动暖风机。

（5）关闭加热器开关，启动关闭设备程序。

（6）如需使用外接用电设备，可将 USB 照明灯或者 USB 充电线接入 USB 接口。

（7）如需加热水和食物，在主机稳定运行时，用钛合金烧水壶或锅，在茶盘加热水和食物。

注意事项：

（1）禁止在本机运行过程中给本产品加油或放油，以免发生火灾或爆炸等事故。必须确保本产品关机且电源总开关处于关闭状态时，才能加油或放油。

（2）禁止使用衣物、桌布、窗帘等遮盖本机，否则可能会引起火灾，损坏本产品或导致人体伤害。

（3）本机尾气管必须引接至室外，距室外墙 1 m 以上的安全距离。

（4）当电压显示低于 10.5 V 时，请移除外接用电设备，以免电池电量亏耗，造成设备无法正常运行。

5.2.3 野战给养炊具

外观：如图 5-15 所示。

图 5-15 野战给养炊具

基本功能：可进行野外烹饪。

◎ 主要技术参数：见表 5-21。单元箱器材构成与性能：见表 5-22、表 5-23。

表 5-21 主要技术参数

单元箱外形尺寸/(m×m×m)	0.868×0.75×0.535
单元箱质量（含器材）/kg	2-1 单元箱：84 2-2 单元箱：60
展开、撤收时间/min	≥3
加工量	1 h 可以完成 120 人份的主、副食制作
携行具	5 副背架可以携带全套器材与副食给养，泅渡时可漂浮
单兵携行量（含副食给养和全套器材）/kg	≥25

表 5-22 单元箱 2-1 器材构成与性能

序号	器材名称	数量	单位	外形尺寸	质量/kg
1	铝行军锅	2	套	直径 640 mm×高度 295 mm	5.5
2	铁行军锅	1	套	直径 640 mm×高度 295 mm	6.5
3	不锈钢菜盆	20	个	直径 360 mm×高度 115 mm	0.7

表 5-22（续）

序号	器材名称	数量	单位	外形尺寸	质量/kg
4	油罐	1	个	直径 180 mm×高度 500 mm	3. 7
5	折叠式支架	2	个	长度 450 mm×宽度 248 mm×高度 40 mm	4
6	燃烧器	2	个	—	5
7	输油胶管	2	条	—	0. 9
8	备件包	1	套	—	10
9	焖饭器	2	套	—	0. 9
10	切菜（和面）布	2	条	—	0. 3
11	切菜板	2	个	—	0. 5
12	菜刀	2	把	—	0. 45
13	饭勺	6	把	—	1
14	调料袋	1	个	—	—
15	手套	2	副	—	—
16	锅罩袋	2	个	—	0. 7
17	锅铲	1	个	—	0. 6

表 5-23 单元箱 2-2 器材构成与性能

序号	器材名称	数量	单位	质量/kg
1	行军锅背架	2	副	3.1
2	燃油炉背架	1	副	4.5
3	给养携行包背架	2	副	5
4	9 L 软体油桶	2	只	0.15
5	电/气动两用充气机	1	个	5
6	20 L 送饭（背水）袋	5	条	0.7
7	应急灯	1	个	1
8	蒸盘	2	个	0.6

注意事项：

(1) 熄火后如果短时间内不再使用，应及时放出罐内的残余气体。

(2) 定期清理燃烧器喷嘴，防止异物堵塞影响燃烧效果。

(3) 贮存前应将器材清洗干净，特别要注意灶头的清洗，晾晒干再装箱。

5.2.4 洗漱系统

外观：如图 5-16 所示。

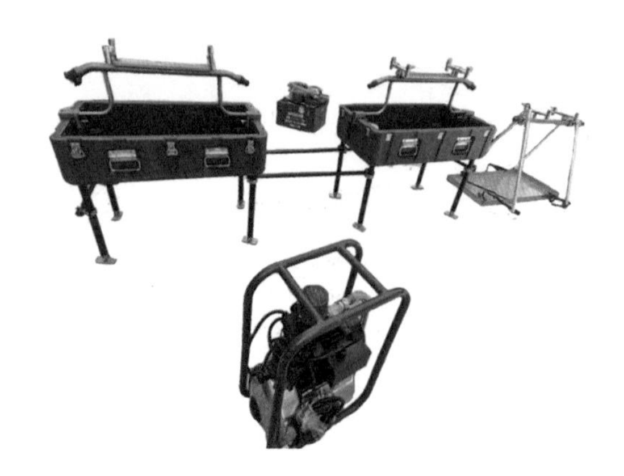

图 5-16　洗漱系统

◎ 基本功能与设备构成：用于野外洗漱，由洗手盆、水龙头、软管、水泵等组成。

◎ 主要技术参数：见表 5-24。

表 5-24　主要技术参数

展开尺寸/(m×m×m)	1×0.6×1.2
装箱收拢尺寸/(m×m×m)	1×0.6×0.6
水泵额定功率/W	188
水泵额定电压/V	220

表 5-24（续）

水泵额定电流/A	0.85
水泵最大流量/(L·min^{-1})	25
最大扬程/m	22
总质量/kg	60±5

注意事项：

（1）使用前首先要打开净水囊球阀开关，保证水路畅通。

（2）系统接通电源前，保证水泵本身的开关处于关闭状态。

（3）水泵在第一次使用时一定要加满水，并拧紧盖子，否则水泵不出水。

5.2.5 淋浴洗消系统

外观：如图 5-17 所示。

图 5-17 淋浴洗消系统

◎ 基本功能：用于现场搜救人员作业后的淋浴洗消，确保行动基地卫勤工作安全。具备洗消液供应、清洁水供应、热水供应、暖风供应、供电照明、污水收集、衣物鞋帽存储等主要功能，可用作洗消救援靴、清洗双手、存储个人装备、淋浴身体、更换服装等。

◎ 主要技术参数：见表 5-25。零部件技术参数及分包明细：见表 5-26。

表 5-25 主要技术参数

淋浴供热水量/($L\cdot min^{-1}$)	30
供热水温度/℃	0~50
系统持续工作时间/h	≤3
使用环境/m	海拔≤3000
抗风能力	7 级
展开面积/m^2	130

表 5-26 零部件技术参数及分包明细

箱组名称	数量	箱内物品	数量	尺寸/(mm×mm×mm)	质量/kg
发电机箱	1 个	发电机	1 台	800×600×600	66
		漏斗	1 个		

表 5-26（续）

箱组名称	数量	箱内物品	数量	尺寸/（mm×mm×mm）	质量/kg
暖风机箱	1 个	暖风机	1 台	900×600×750	85.5
		风管	4 根		
热水机箱	1 个	热水机	1 台	900×650×750	110
		烟囱	1 根		
附件箱	1 个	排污泵组	1 台	800×600×600	80
		控制箱	1 个		
		帐篷灯	4 个		
		电线	10 根		
帐篷箱 1	1 个	淋浴帐篷	1 个	1200×800×800	150
帐篷箱 2	1 个	更衣帐篷	1 个	1200×800×800	133
		充气泵	1 台		
		地钉	8 根		
		铁锤	2 个		
帐篷箱 3	1 个	污衣帐篷	1 个	1200×800×800	125
		充气泵	1 台		
衣物柜箱 1	1 个	衣物柜	10 个	1200×800×800	90

表 5-26（续）

<table>
<tr><th>箱组名称</th><th>数量</th><th>箱内物品</th><th>数量</th><th>尺寸/（mm×mm×mm）</th><th>质量/kg</th></tr>
<tr><td rowspan="3">衣物柜箱 2</td><td rowspan="3">1 个</td><td>衣物柜</td><td>6 个</td><td rowspan="3">1200×800×800</td><td rowspan="3">77</td></tr>
<tr><td>臭氧机</td><td>2 台</td></tr>
<tr><td>接线板</td><td>1 个</td></tr>
<tr><td rowspan="11">储物箱</td><td rowspan="11">1 个</td><td>污水袋</td><td>5 个</td><td rowspan="11">1200×800×800</td><td rowspan="11">120</td></tr>
<tr><td>净水袋</td><td>4 个</td></tr>
<tr><td>淋浴排水管</td><td>2 根</td></tr>
<tr><td>洗消排水管</td><td>1 根</td></tr>
<tr><td>淋浴进水管</td><td>1 根</td></tr>
<tr><td>软管</td><td>7 根</td></tr>
<tr><td>淋浴脚垫</td><td>24 个</td></tr>
<tr><td>洗脚垫</td><td>2 个</td></tr>
<tr><td>淋浴喷头</td><td>7 个</td></tr>
<tr><td>喷头架</td><td>1 个</td></tr>
<tr><td>刷子</td><td>2 个</td></tr>
</table>

操作步骤：

（1）将污衣帐篷、淋浴帐篷、更衣帐篷展开，连接内部淋浴喷头，放置淋浴脚垫。

（2）将电线、进排水管、暖风机箱的风管按标签一一对应连接。

（3）系统使用前检查发电机、热水机、暖风机有无漏油现象，检查净水袋加水后有无漏水现象。

（4）系统启动，净水袋注满水，启动发电机。

（5）系统撤收前，应先对帐篷内部、洗脚垫、水袋等进行清洁干燥，并确保所有设备均已关闭。

（6）将设备放入收纳袋或专用设备箱内。

5.2.6 净水系统

◎ 外观：如图 5-18 所示。

图 5-18 净水系统

◎ 基本功能：用于在行动基地净化生活饮用水。

◎ 主要技术参数：见表 5-27。零部件技术参数及分包明细：见表 5-28。

表 5-27　主要技术参数

主体尺寸/(m×m×m)	0.3×0.42×0.85
总质量/kg	30
净水能力/(L·h^{-1})	300~400
出水水质	符合国家《生活饮用水卫生标准》(GB 5749—2022)
工作温度/℃	0~45
耗电量/W	390
环境温度/℃	0~45

表 5-28　零部件技术参数及分包明细

序号	名称	数量	单位
1	野外净水装置	1	台
2	说明书（含合格证、保修单）	1	份
3	不锈钢波纹管（连接进水 60 cm）	2	根
4	排水波纹管（连接排水）	1	根
5	漏电保护插头（配套）	1	只

◎ 注意事项：

（1）严禁用水冲洗、喷溅本设备。

（2）在寒冷的地区使用时，请确保设备周边环境温度不低于0 ℃，否则有可能会引起内部冻结，造成管路等破裂、零部件损坏。

（3）使用水源必须符合：《地表水环境质量标准》（GB 3838—2002）Ⅰ类或Ⅱ类的水源，特殊情况下也可以用于Ⅲ类水源的净化。

（4）首次使用或长时间停用后再次启用，以及做水质检测前，必须使用本机制水、排水功能冲洗管路。

（5）净水器单元滤芯更换周期：建议每3~6个月或滤芯达到额定净水量时更换滤芯。